Heinz Schulz

Kleine Windkraftanlagen

Technik · Erfahrungen · Meßergebnisse

Staufen bei Freiburg

Das Titelbild zeigt einige Windkraftanlagen während der Erprobung auf dem Dach meiner Scheune: vorn der »China-Generator«, dahinter der Dreiflügler D.300-24 und der Rutland FM 180 sowie 2 Windgeschwindigkeitsmeßgeräte.

Die Deutsche Bibliothek - CIP-Einheitsaufnahme

Schulz, Heinz:
Kleine Windkraftanlagen : Technik, Erfahrungen, Meßergebnisse / Heinz Schulz. - 1. Aufl. - Staufen bei Freiburg : ökobuch 1991
ISBN 3 - 922 964 - 31 - 1

1. Auflage 1991
2. erweiterte Auflage 1993

ISBN 3 - 922 964 - 31 - 1

© ökobuch Verlag, Staufen 1991

Druck: Grafische Werkstatt GmbH, Kassel

Layout: Archiv Digital, Umkirch

Inhaltsverzeichnis

Vorwort

Seit 1976 beschäftige ich mich mit praktischen Lösungen zur Nutzung regenerativer Energien im ländlichen Raum und in diesem Zusammenhang auch mit kleinen Windkraftanlagen. Dabei konnte ich nicht nur die Entwicklungen auf diesem Gebiet verfolgen, sondern hatte auch die Möglichkeit, aktiv an der Windenergie-Entwicklung mitzuarbeiten. So entstanden im Laufe der Jahre verschiedene Savonius- und Durchströmrotoren, Amerikanische Windturbinen, aber auch Schnellläufer und sogar Einflügler. Als Sprecher der Regionalgruppe Süd der Deutschen Gesellschaft für Windenergie konnte ich viele Kontakte zu Firmen, Bastlern, Handwerkern und Erfindern knüpfen, von denen ich immer wieder aufgefordert wurde, neue Produkte zu begutachten oder gar zu testen.

So entstand die Idee, auch einmal einen Test kleiner Windkraftanlagen zur Stromerzeugung durchzuführen. Da auf meinem Bauernhof in Kleinviecht/Bayern in 500 m Höhenlage gute Voraussetzungen bestehen, solche Anlagen aufzustellen, sind dort seit 1987 verschiedene kleine »Windlader« in Betrieb (Abb. 1). Dadurch konnten im Laufe der Jahre etliche Windkraftanlagen ausgiebig getestet und vermessen werden. Diese Arbeit wurde freundlicherweise von den Firmen Conrad-Elektronik, Harbarth, Herter-Rotor, Rotech, Solavent, Schöder und Dornier unterstützt.

Abb. 1:
Praxistest von Windkraftanlagen (hier 8 Typen) auf dem Bauernhof des Verfassers.

1. Einleitung

Neben den großen Windkraftanlagen, die vorwiegend zur Erzeugung von Netzstrom oder Heizwärme eingesetzt werden, erfreuen sich in letzter Zeit kleine Anlagen im Leistungsbereich von etwa 50 W bis 1 kW wachsender Beliebtheit. Diese Entwicklung hat gute Gründe:

- Es werden zunehmend sogenannte Null- oder Niedrigenergiehäuser ohne Netzanschluß gebaut, bei denen Solargeneratoren, Windräder und Gas- oder Stirlingmotoren die Stromversorgung übernehmen (Abb. 2).

- Im Zuge der Extensivierung in der Landwirtschaft gibt es immer mehr Ställe für Fleischrinder, Pferde, Schafe und Ziegen, die nicht an die öffentliche Strom- und Wasserversorgung angeschlossen sind (Abb. 3).

- Manche Leute besitzen Ferienhäuser in windgünstigen Gegenden und möchten es - vielfach mangels öffentlicher Stromversorgung - mit einem kleinen Gleichstromnetz für Licht, Wasserförderung und die wichtigsten Geräte ausstatten.

- Viele Menschen, die in Häusern mit ausreichender Strom- und Wasserversorgung leben, wollen - aus verschiedenen Gründen - wenigstens einen Teil ihrer Energie umweltfreundlich aus Sonne und Wind gewinnen. Dazu gibt es inzwischen zahlreiche Beispiele.

- Auf Jachten und Booten kommen in zunehmendem Umfang kleine Windgeneratoren zum Einsatz, um die Bordbatterien bei längeren Liegezeiten nachzuladen und bei Ausfall der Motoren eine Notstromversorgung zu gewährleisten.

- In vielen Entwicklungsländern gibt es in ländlichen Regionen keine oder nur unzureichende Stromversorgung. Hier können kleine Windkraftanlagen eventuell in Kombination mit Solargeneratoren die bisherigen Diesel- und Benzinaggregate ersetzen.

- Durch technische Weiterentwicklungen konnte die Leistung der Anlagen bei Schwachwind ebenso wie die Betriebssicherheit bei Sturm oder Orkan merklich verbessert werden. Gleichzeitig wurde der Wartungsaufwand soweit reduziert, daß selbst technische Laien heute mit diesen Geräten fertig werden.

- Es werden sowohl vorgefertigte Bausätze als auch fertige Anlagen zu tragbaren Preisen angeboten, so daß der komplette Selbstbau von kleinen Windkraftanlagen nur noch in Sonderfällen nötig ist bzw. empfohlen werden kann.

Abb. 2:
Die Stromversorgung dieses Hauses, das vom öffentlichen Netz abgekoppelt wurde, erfolgt jetzt mit Sonne, Wind und Flüssiggas. Planung und Ausführung durch die Fa. Solavent, Freiburg.

- Das zunehmende Umweltbewußtsein und ein wachsendes Mißtrauen breiter Bevölkerungsschichten gegenüber der zentralen Energieversorgung weckt das Interesse an kleinen, dezentralen Solar-, Wind- und Wasserkraftanlagen.
- Die Gleichstromtechnik erlebt zur Zeit - vor allem durch die Fortschritte bei der Photovoltaik - einen starken Aufschwung, was auch zu neuen Entwicklungen bei der Speicherung und Regelung sowie beim Angebot an Gleichstrom-Geräten führt.

Windenergie zählt - neben Sonnenenergie, Wasserkraft und Energieeinsparung - zu den wenigen verbrennungs- und schadstoffreien Energiequellen, die uns auf Dauer zur Verfügung stehen. Längerfristig gesehen werden sie im Verhältnis zur fossilen Energie immer billiger, weil sie die Umwelt weniger belasten und keine sozialen Kosten verursachen. Wer daher heute schon Windkraft nutzt, und sei es auch nur mit einer ganz kleinen Anlage, leistet damit einen wichtigen Beitrag für den Weg in eine bessere Zukunft!

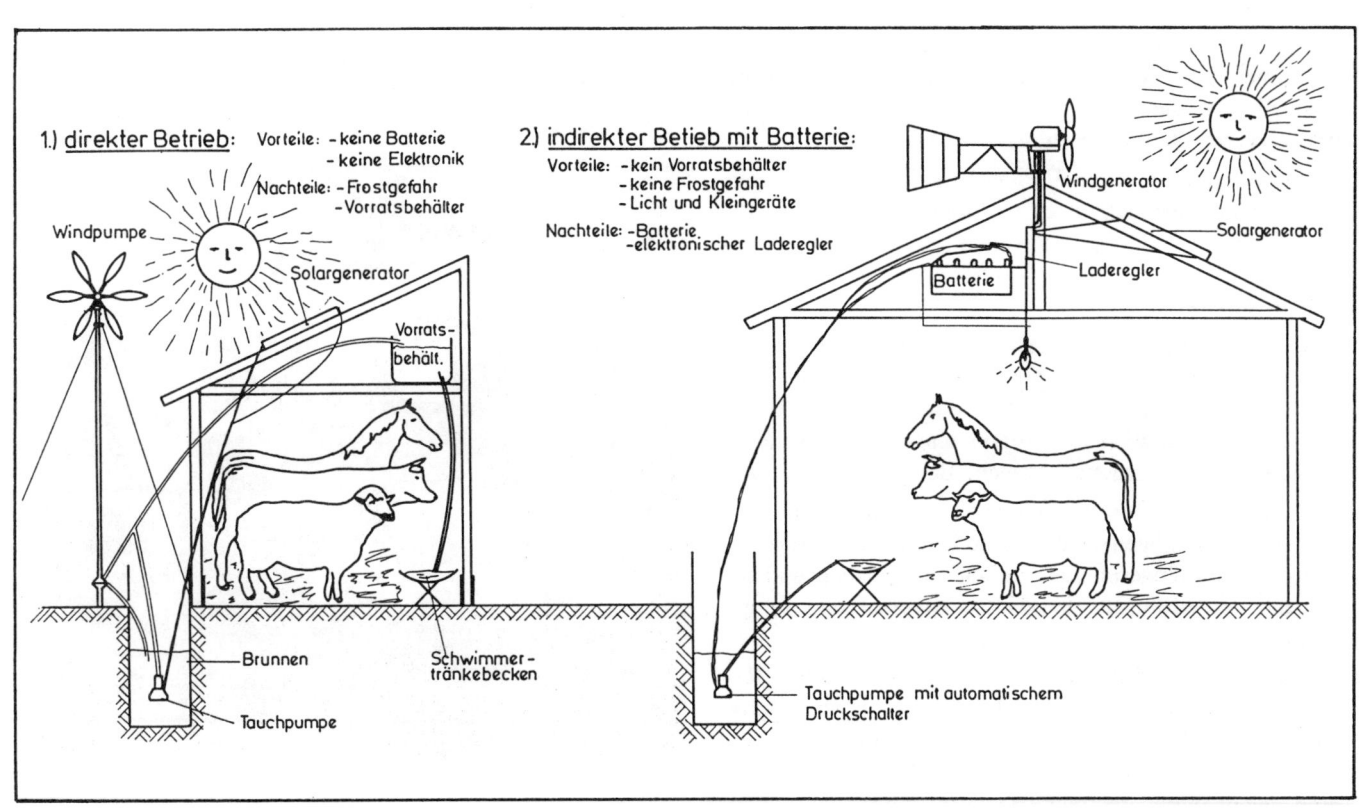

Abb. 3: Wasser- und Stromversorgung für netzferne Ställe mit Sonne und Wind.

2. Windverhältnisse

- Hinweise zur Wahl des Aufstellungsortes

Die Leistungsfähigkeit einer Windkraftanlage ist nicht nur abhängig von ihrer Größe und Qualität, sondern in besonderem Maße von den örtlichen Windverhältnissen. Die dem Wind maximal zu entziehende Energie wächst nämlich mit der dritten Potenz der Windgeschwindigkeit. Das bedeutet, daß bei einer Verdopplung der Windgeschwindigkeit das Energieangebot auf das 8 fache steigt und bei einer Verdreifachung auf das 27 fache. Daher haben die Windverhältnisse am Nutzungsort einen außerordentlich großen Einfluß auf die Leistung und den Ertrag einer Anlage.

Vor allem in bebautem Gelände ist es wesentlich schwieriger, einen geeigneten Platz für eine Windkraftanlage zu finden als für eine Solaranlage. So gibt es in Mitteleuropa wohl kaum ein Haus oder Grundstück, auf dem sich nicht ein Kollektor oder Solargenerator nutzbringend installieren ließe; dagegen sind Standorte mit wirklich lohnenden Windverhältnissen vergleichsweise selten.

Der Deutsche Wetterdienst gibt Karten heraus, welche die Verteilung der mittleren Jahresgeschwindigkeiten und die Häufigkeitsverteilung der Windrichtung in Deutschland darstellen. Sie geben jedoch nur einen groben Überblick, ob in einer Gegend gute oder schlechte Windverhältnisse vorherrschen (Abb. 4). Die immer wieder zu hörende Auffassung, daß sich bei mittleren Jahreswindgeschwindigkeiten unter 4 m/s die Windenergienutzung nicht lohne, gilt zumindest bei den kleinen, sehr leicht anlaufenden Anlagen zum Batterieladen und Wasserfördern nicht. Die Besiedlung des amerikanischen und australischen Binnenlandes, wo es riesige Gebieten mit einer mittleren Windgeschwindigkeit von weniger als 2 m/s gibt, wäre ohne die vielblättrige »amerikanische« Windturbine nicht möglich gewesen.

In Deutschland gilt allgemein die Regel, daß die mittleren Windgeschwindigkeiten von der Küste zum Binnenland hin, sprich in Richtung Süden, abnehmen; doch können kleinräumige, örtliche Windverhältnisse durchaus im Wider-

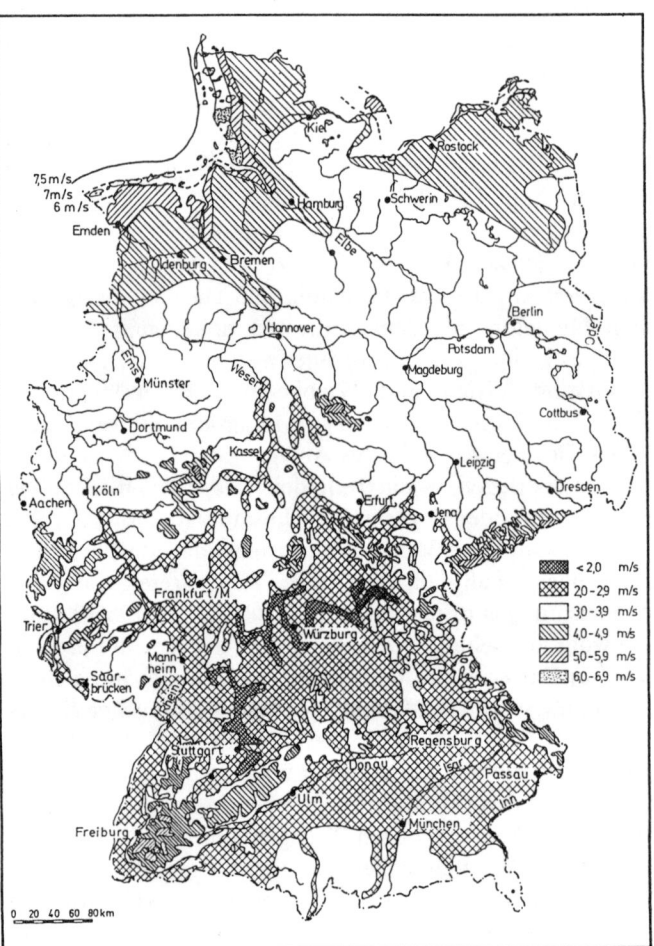

Abb.4:
Mittleres Jahresmittel der Windgeschwindigkeiten in Deutschland in freien Lagen in 10 m Höhe über Grund. Beobachtungszeitraum 1971 bis 1989. (Vereinfachte Darstellung nach Unterlagen des Deutschen Wetterdienstes)

spruch zu dieser Regel stehen. Dazu ein Beispiel: Exakte Messungen des Wetteramtes München haben ergeben, daß auf dem 60 m hohen großen Schuttberg in München-Fröttmaning, wo die Stadtwerke eine Windkraftanlage mit 200 bis 250 kW Spitzenleistung errichten möchten, im Zeitraum November 88 bis Oktober 89 in 2 m Höhe eine mittlere Windgeschwindigkeit von 4,5 m/s gemessen wurde. Hochgerechnet auf 30 m Nabenhöhe sind damit etwa 5 bis 5,5 m/s zu erwarten. Demgegenüber lag die mittlere Geschwindigkeit in 10 m Höhe im nur wenige Kilometer entfernten München-Riem nur bei 2,4 m/s. Eine freie, exponierte und möglichst hohe Lage kann daher auch in Gebieten mit relativ niedrigen mittleren Windgeschwindigkeiten gute Voraussetzungen zur Windenergienutzung bieten.

Andererseits gilt es zu beachten, daß auch in windschwachen Gebieten mit dem Auftreten hoher und höchster Windgeschwindigkeiten gerechnet werden muß. Dies haben die Orkane »Vivian« und »Wiebke« im Februar '90 gezeigt, die in Mitteleuropa Schäden in Milliardenhöhe verursacht haben. Bei der Auswahl des Anlagen-Standortes ist daher auch zu überlegen, wohin Teile der Anlage fallen, wenn bei einem Sturm oder Orkan unter Umständen einmal ein Seil der Abspannung reißt oder ein freistehender Mast knickt.

Erfahrungsgemäß läßt sich eine völlig freie, von allen Windrichtungen offene Lage für unsere kleinen Windturbinen wohl nur selten finden; denn die Anlage sollte ja möglichst in Batterienähe und damit in Gebäudenähe stehen, um Leitungsverluste auf dem Weg zum Verbraucher zu vermeiden. Gelingt es nicht, die Windturbine so hoch zu stellen, daß sie alle Hindernisse überragt, so sollte sie wenigstens aus den Hauptwindrichtungen frei angeströmt werden. Abgesehen von engen Tallagen sind das in Deutschland in den meisten Fällen die Richtungen »Südwest bis Nordwest« und »Nordost bis Südost«. Süd- und Nordwinde kommen hierzulande relativ selten vor und sind meist nicht sehr stark (Abb. 5).

Welchen Einfluß die mittlere Jahreswindgeschwindigkeit auf den Energieertrag von kleinen Batterieladern hat, zeigen die Zahlen in Tabelle 1, die auf Angaben der Fa. LMW beruhen.

Solche Ertragszahlen, die ohne weitere Angaben mittleren

Windgeschwindigkeiten zugeordnet werden, sind jedoch mit Vorsicht zu genießen: Die Arbeit einer Windkraftanlage innerhalb einer bestimmten Zeit, in diesem Fall also die Jahresarbeit in kWh, ist auch abhängig von der soge-

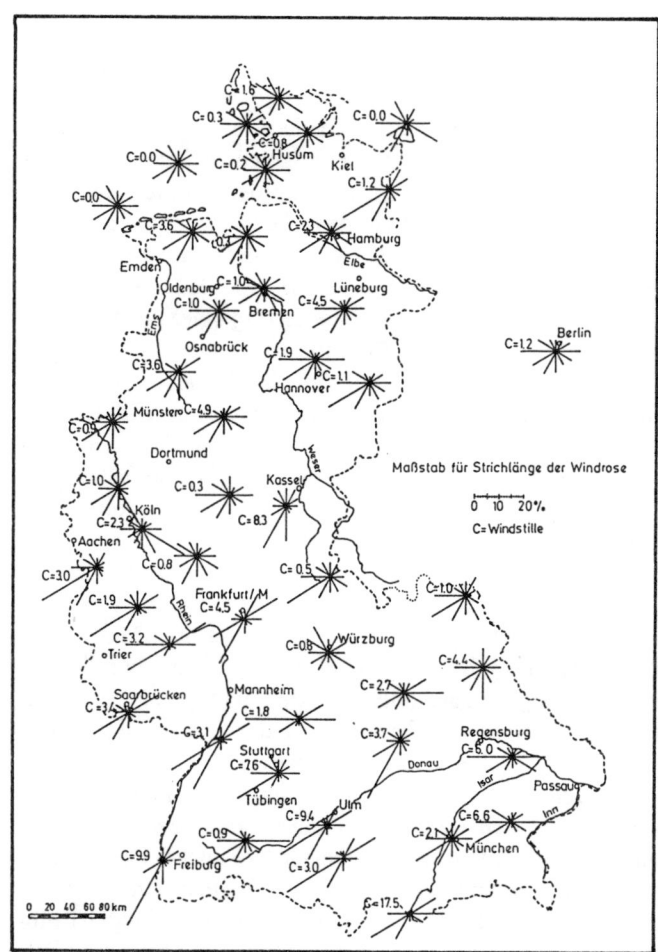

Abb. 5:
Mittlere jährliche prozentuale Windrichtungsverteilungen für ausgewählte Stationen der Bundesrepublik Deutschland. Beobachtungszeitraum 1975 - 1982. Vereinfachte Darstellung nach Unterlagen des Deutschen Wetterdienstes (Quelle siehe Literaturverzeichnis).

nannten Struktur, d.h. von der Verteilung der Windgeschwindigkeiten, aus denen das Mittel gebildet wird.

Bei der Betrachtung von 3 Extremfällen wird das sofort deutlich. Eine 10-stündige mittlere Windgeschwindigkeit von 2 m/s könnte einmal dadurch zustandekommen, daß der Wind ständig mit gleichbleibender Geschwindigkeit von 2 m/s weht, was allerdings in der Praxis kaum vorkommt. Eine Windturbine, die erst ab 2,5 m/s mit der Stromerzeugung beginnt, würde in diesem Falle gar nichts bringen. Nun das nächste Extrem: der Wind weht 9 Stunden lang gar nicht, aber 1 Stunde mit 20 m/s. Auch hier haben wir wieder ein Mittel von 2 m/s und eine Windturbine, bei der ab 15 m/s die Sturmsicherung einsetzt, kann nichts leisten. Nehmen wir aber im dritten Falle 8 Stunden Windstille und 2 Stunden mit 10 m/s an, was wiederum einen Durchschnitt von 2 m/s ergibt, so würde die Windturbine eine Menge Strom erzeugen.

Um daher genaue Vorhersagen über den zu erwartenden Stromertrag an einem bestimmten Standort machen zu können, ist es eigentlich erforderlich, wenigstens 1 Jahr lang die Windgeschwindigkeiten zu messen und mit einem »Windklassifizierer« die Häufigkeit der verschiedenen Geschwindigkeitsklassen zu ermitteln (vgl. Kap. 8.7). Wer in der Nähe einer amtlichen Wetterstation mit vergleichbaren Standortverhältnissen wohnt, kann sich die gewünschten Werte ausdrucken lassen, was auf dem offiziellen Weg allerdings ca. 1.200 - 1.600 DM kostet. Eine andere Möglichkeit, schnell zu verläßlichen Daten zu kommen, besteht darin, einen nahegelegenen Flughafen zu konsultieren, der Windschreiber einsetzt.

Für eigene Messungen gibt es seit einigen Jahren kompakte, elektronische Windklassifiziergeräte mit Batteriebetrieb, die auf bis zu 20 Klassen programmierbar sind und zum Teil auch mit Personal Computern kombiniert werden können. Bei einem Preis von ca. 2.000 DM lohnt sich die Anschaffung eines solchen Gerätes aber wohl nur bei größeren Projekten.

Eine weitere Möglichkeit, Werte über örtliche Windgeschwindigkeiten zu erhalten, kann in Zukunft das Netz der agrarmeteorologischen Wetterstationen bieten. Diese Stationen, bei denen auch die Windgeschwindigkeit in 2,5 m Höhe gemessen wird, sind bei Landwirten, Winzern und Gärtnern verteilt und werden von den Landwirtschaftsämtern betreut. Die gemessenen Daten können als Stunden-Mittelwerte über Btx abgerufen werden. In Bayern wurden bis Juli 90 insgesamt 97 Stationen aufgebaut. Wo diese stehen, kann bei der Fa. CLG, Gehring 2, 8340 Pfarrkirchen, Tel.: 08561/6054 erfragt werden.

Auch in den anderen Bundesländern sollen solche Meßstationen eingerichtet werden. Informationen können bei der Fa. Lambrecht / Göttingen (siehe Lieferantenverzeichnis) oder bei den jeweiligen Landwirtschaftsministerien eingeholt werden.

| Typ | Rotordurchmesser m | Leistung bei 10 m/s Windgeschwindig keit, W | Ertrag in kWh/Jahr bei | | | | |
			4 m/s	5 m/s	6 m/s	7 m/s	8 m/s
150	1,5	150	274	426	576	710	820
250	1,7	250	305	527	747	944	1107
600	2,2	500	581	977	1421	1854	2240
1000	2,4	700	670	1420	2290	3110	3800
1003	3,0	900	1430	2048	2597	3040	3387

Tabelle 1:
Jahresertrag (in kWh) von LMW-Windkraftanlagen zum Batterieladen bei verschiedenen mittleren Windgeschwindigkeiten (in m/s).

Auf der Suche nach dem richtigen Standort für seine kleine Windkraftanlage wird mancher an den First eines Gebäudedaches denken. In der Tat habe auch ich einige kleinere Rotoren (bis ca. 2 m Durchmesser) mit einem 1,5 m hohen Stahlrohr-Mast auf meine als Pferde- und Schafstall dienende Starrahmenhalle gesetzt. Die bei stärkerem Wind auftretenden Vibrationen und Geräusche stören die Tiere offensichtlich nicht. Auf meinem Wohnhausdach möchte ich die schnellaufenden Turbinen bei aller Windkraft-Begeisterung jedoch nicht haben, vielleicht mit Ausnahme der kleinen, sechsflügeligen Rutlandturbine WG 910 oder des extrem ruhig laufenden Solavent-Rotors. In der Regel dürfte ein abgespannter oder freitragender Rohr- oder Gittermast mit mindestens 6 m Höhe die richtige Lösung sein. Vorschläge hierzu folgen in Kap. 7.

Ist ein geeigneter Aufstellungsort gefunden, bleibt noch die leidige Frage der Baugenehmigung zu klären. Leider gibt es derzeit keine bundesweit einheitlichen Vorschriften für die Genehmigung von Windkraftanlagen. Fest steht jedoch, daß alle über ein Fundament mit dem Erdboden verbundenen Windenergieanlagen unabhängig von ihrer Größe genehmigungspflichtig sind Eine Lösung für eine fundamentlose, nur durch ihr Gewicht stehende Mastkonstruktion wird in Kapitel 7 beschrieben.

Eine Ausnahme von dieser allgemeinen Genehmigungspflicht macht Baden-Württemberg, wo Windkraftanlagen bis 10 m Höhe genehmigungsfrei sind. Das Land Schleswig-Holstein hat bisher als einziges Bundesland verbindliche »Richtlinien für die Auslegung, Aufstellung und das Betreiben von Windkraftanlagen« erlassen (Erlaß des Innenministers vom 15. Mai 1985). Hierin werden für Anlagen mit bis zu 600 W Höchstleistung Erleichterungen gemacht.

Die Praxis hat gezeigt, daß manche Baubehörden in den Bundesländern außerhalb Schleswig-Holsteins einem Antrag auf Genehmigung zum Bau einer Windkraftanlage zunächst hilflos gegenüberstehen oder aber Auflagen machen und Nachweise verlangen, die bei einer Kleinstanlage bis 1 kW Nennleistung nur mit einem unverhältnismäßig hohen Aufwand erfüllbar sind (z.B. statischer Nachweis für den Mast oder ein Gutachten über die Geräuschemissionen).

Viele Betreiber kleiner Windturbinen zum Batterieladen und Wasserpumpen haben daher ihre Anlagen ohne Genehmigung errichtet, vor allem wenn sie nicht in dicht bebauten Gebieten stehen. Eine solche Vorgehensweise kann hier natürlich nicht empfohlen werden, doch sei der Hinweis erlaubt, vor dem Aufbau der Anlage auf jeden Fall die Zustimmung der Nachbarn einzuholen und mit dem Bürgermeister zu reden.

3. Leistung und Ertrag von Windkraftanlagen
- Allgemeine Zusammenhänge und Richtwerte

Es ist nicht Aufgabe dieser Schrift, das Grundwissen über die Windenergienutzung mit vielen Formeln und Tabellen zu vermitteln. Dazu gibt es hinreichend Literatur. Aber einige wichtige Zusammenhänge muß auch der technische Laie kennen, der sich eine fertige Anlage kauft und sie nur als notwendiges Übel zum Aufladen seiner Batterien nutzt.

Schwankendes Energieangebot

Es gibt keine andere alternative Energieform, deren Leistungs- und Arbeitsangebot so stark schwankt, wie die des Windes. Im Vergleich zur Sonne oder gar zur Wasserkraft ist der Wind - zumindest in unseren Breitengraden - außerordentlich launisch und keinesfalls eine »sanfte« Quelle. Zwischen einem leisen Lüftchen von 1 m/s Windgeschwindigkeit, das nur die Blätter der Bäume bewegt und extrem leicht anlaufende Windräder sowie übliche Schalenkreuzanemometer gerade zum Rotieren bringt, und einem Sturm mit 25 m/s schwankt die im Wind steckende Energie im Verhältnis 1 : 15.000 ! Gemessen am Energieinhalt echter Orkane wie »Vivian« und »Wiebke« mit Windgeschwindigkeiten von über 50 m/s gelingt es uns trotz allen technischen Fortschritts gerade einmal, vom Wind einen kleinen Bruchteil seiner Kraft zu nutzen. Tabelle 2 zeigt die bekannte Windstärkenskala, die für Vergleiche immer wieder gebraucht wird.

Erreichbare Wirkungsgrade

Ein *ideales* Windrad, gleich welcher Bauart, kann dem Wind theoretisch (d.h. maximal) nur etwa 60% seiner Energie entziehen, denn die Luft muß ja hinter der Turbine noch abströmen können. Unter Einbeziehung der zusätzlichen Verluste *realer* Windturbinen bewegen sich die Wirkungsgrade der heute verwendeten Windrad-Typen zwischen 20% (Savoniusrotor, Windrose) und 35% (hochgezüchtete Propeller- und Darrieus-Rotoren).

Bis aus der Windenergie jedoch elektrischer Strom geworden ist, müssen noch die Wirkungsgrade der Leistungsübertragung durch Getriebe bzw. Übersetzungen berücksichtigt (auf die bei unseren Kleinstanlagen möglichst verzichten werden sollte), und zum Schluß auch noch der Generatorwirkungsgrad (50 - 80%) hinzugerechnet werden. Auf dem Weg zum Verbraucher kommen obendrein noch die Verluste in den Leitungen, der Regelung und dem Gleichrichter hinzu. Von der im Wind steckenden Energie gelangen daher nur etwa 5 bis 15% in die Batterie und von dem (theoretisch) nutzbaren Optimum etwa 8 bis 25%. In dieser Bilanz beansprucht die Batterie, die einen Wirkungsgrad um 80% hat, einen spürbaren Anteil für sich selbst.

Diese Kenntnisse sind wichtig, um von seinem kleinen Windrad keine Wunder zu erwarten oder Enttäuschungen zu erleben. Sie zeigen uns aber auch, wie wichtig es ist, weiterzuarbeiten, um die Ausnutzung der Windkraft zu verbessern.

Die Leistung von Windkraftanlagen

Die Windturbinenleistung (gemessen in kW oder W) hängt von der vom Rotor überstrichenen Fläche, dem schon erwähnten Flügel-Wirkungsgrad und der Windgeschwindigkeit ab. Nach den Gesetzen der Strömungslehre wächst die Leistung mit dem Quadrat des Rotordurchmessers und mit der 3. Potenz der Windgeschwindigkeit.

Wegen des außerordentlich großen Einflusses der Windgeschwindigkeit ergeben sich typische, steil ansteigende Leistungskurven, die auch als Kennlinien (Leistung als Funk-

Wind- stärke (Beau- fort)	Bezeichnung	Auswirkung des Windes im Binnenland	Windgeschwindigkeit in		
			m/s	km/h	kn (Knoten)
0	still	Windstille; Rauch steigt gerade empor	0,0 - 0,2	0,0 - 0,7	0,0 - 0,4
1	leiser Zug	Windrichtung angezeigt nur durch den Zug des Rauches	0,3 - 1,5	1,1 - 5,4	0,6 - 2,9
2	leichte Brise	Wind am Gesicht fühlbar; Blätter säuseln; Windfahne bewegt sich	1,6 - 3,3	5,8 - 11,9	3,1 - 6,4
3	schwache Brise	Blätter und dünne Zweige bewegen sich; Wind streckt einen Wimpel	3,4 - 5,4	12,2 - 19,4	6,6 - 10,5
4	mäßige Brise	Hebt Staub und loses Papier; bewegt Zweige und dünnere Äste	5,5 - 7,9	19,8 - 28,4	10,7 - 15,3
5	frische Brise	Kleine Laubbäume beginnen zu schwanken; Schaumkämme bilden sich auf Seen	8,0 - 10,7	28,8 - 38,5	15,6 - 20,8
6	starker Wind	Starke Äste in Bewegung; Pfeifen in Telegrafen- leitungen; Regenschirme schwierig zu benutzen	10,8 - 13,8	38,9 - 49,7	21,0 - 26,8
7	steifer Wind	Ganze Bäume in Bewegung; fühlbare Hemmung beim Gehen gegen den Wind	13,9 - 17,1	50,0 - 61,6	27,0 - 33,3
8	stürmischer Wind	Bricht Zweige von Bäumen; erschwert erheblich das Gehen im Freien	17,2 - 20,7	61,9 - 74,5	33,4 - 40,2
9	Sturm	Kleinere Schäden an Häusern (Rauchhauben und Dachziegel werden abgeworfen)	20,8 - 24,4	74,9 - 87,8	40,4 - 47,4
10	schwerer Sturm	Entwurzelt Bäume; bedeutende Schäden an Häusern	24,5 - 28,4	88,2 - 102,2	47,6 - 55,2
11	orkanartiger Sturm	Verbreitete Sturmschäden Sehr selten im Binnenland	28,5 - 32,6	102,6 - 117,4	55,4 - 63,4
12			32,7 - 36,9	117,7 - 132,8	63,6 - 71,7
13			37,0 - 41,4	133,2 - 149,0	71,9 - 80,5
14	Orkan	Nur auf dem Meer und an den Küsten [1]	41,5 - 46,1	149,4 - 166,0	80,7 - 89,6
15			46,2 - 50,9	166,3 - 183,2	89,8 - 98,9
16			51,0 - 56,0	183,6 - 201,6	99,1 - 108,9
>17			> 56,0	> 201,8	>108,9

[1] Diese Aussage stimmt seit den Orkanen »Vivian« und »Wiebke« nicht mehr! (Anmerkung des Verfassers)

Tabelle 2: Windmeßtabelle   (Quelle: Jade-Windenergie Wilhelmshaven GmbH)

tion der Geschwindigkeit bei gegebenem Rotordurchmesser) bezeichnet werden (Abb. 6). Sie zeigen, daß die Leistung bei niedrigen Windgeschwindigkeiten um 3 - 4 m/s noch recht bescheiden ist, bei höheren Geschwindigkeiten jedoch stark zunimmt. Bei Windgeschwindigkeiten über 15 m/s werden die meisten Anlagen abgeregelt, um eine Überlastung von Rotor und Generator zu verhindern. Dies ist am Abflachen der Kurve erkennbar. Bei Anlagen, die bei noch höheren Windgeschwindigkeiten mechanisch abdrehen, fällt dann die Leistung fast auf Null.

Jeder Hersteller wird für seine Windturbinen eine bestimmte Nennleistung angeben. Wegen des starken Einflusses der Windgeschwindigkeit sollte bei Vergleichen immer berücksichtigt und im Zweifelsfall nachgefragt werden, bei welcher Geschwindigkeit diese Leistung erreicht wird. Leider gibt es hier große Differenzen, die Bezugs-Windgeschwindigkeit schwankt von 8,5 bis 16 m/s. International wird mehr und mehr der Wert von 10 m/s als Referenz-Geschwindigkeit verwendet; daher sollten auch wir uns daran halten.

Rotor-Drehzahlen

Es gelten noch einige weitere wichtige Gesetzmäßigkeiten: Je größer der Durchmesser einer Windturbine und je grösser die Flügelzahl, um so niedriger die Drehzahl und um so größer das Drehmoment. Aber auch das Flügelprofil hat großen Einfluß auf Drehzahl und -moment. Die immer wieder zitierte Schnellaufzahl gibt an, um welchen Faktor die Geschwindigkeit der Flügelspitzen größer ist als die Windgeschwindigkeit. Langsamläufer weisen Werte von 1 bis 2 auf, Schnelläufer von 3 bis 8 und darüber.

Bei der Stromerzeugung sind Ausführungen mit möglichst hoher Drehzahl (Schnelläufer) günstig, weil der Generator kleiner und billiger wird und kraftsparende Getriebeübersetzungen entfallen. Allerdings bringen hohe Drehzahlen auch mehr Geräusch mit sich. Üblicherweise werden Horizontalachs-Rotoren zur Stromerzeugung heute mit 2 bis 6 Flügeln gebaut, doch wird in dem uns interessierenden Leistungsbereich bis 1 kW auch an Einflüglern entwickelt. Zum

Wasserpumpen, zum Antrieb von Kompressoren oder von extrem langsamlaufenden Generatoren kommen auch Langsamläufer zum Einsatz, die ruhiger arbeiten.

Wegen der großen Unterschiede zwischen den einzelnen Windradtypen sind pauschale, auf die Turbinenfläche bezogene Leistungsangaben nur mit Vorbehalten möglich. Als brauchbare Faustzahl für (sehr) überschlägige Abschätzungen gilt eine *spezifische Leistung* von 50 bis 100 W pro m² überstrichene Rotorfläche bei 10 m/s Windgeschwindigkeit. Bei sehr kleinen Anlagen müssen davon Abschläge gemacht werden, bei größeren hingegen kann ein besserer Wert erreicht werden.

Anlaufverhalten

Das Anlaufverhalten einer Windkraftanlage ist ein wichtiges Merkmal und in Schwachwindgebieten von entschei-

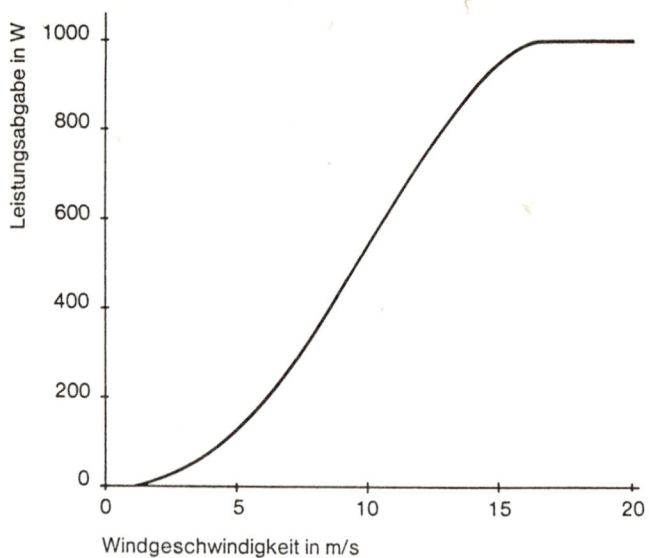

Abb. 6:
Typische Leistungskennlinie einer Windkraftanlage zum Batterieladen (aus einem Firmenprospekt).

dender Bedeutung für den Stromertrag. Gute »Windlader« laufen heute schon bei weniger als 2 m/s Windgeschwindigkeit an, was in der Regel nur mit getriebelosen Generatoren mit geringer Haftreibung erreichbar ist.

Bisher galt die Regel, daß die Anlage um so leichter anläuft, je mehr Flügel sie hat. Bei ausreichender Blattiefe (landläufig ist das die Blattbreite) laufen aber auch moderne Drei- und Zwei-Flügler ausreichend leicht an, wie es z.B. der Typ C.100-12 der Fa. Harbarth/Mühlingen beweist. Ja, es ist sogar ein kleiner Einflügler in Entwicklung, der schon bei 2,5 bis 3 m/s mit eigener Kraft anläuft, was bisher nicht für möglich gehalten wurde (vgl. Kap. 6.7: »Der Schoder-Einflügler«).

Der Jahres-Energieertrag

Der Energieertrag von Windkraftanlagen wird meist in kWh/Jahr angegeben. Er hängt nicht nur von der Größe und Güte der Turbine, sondern - wie schon ausgeführt - erheblich von den örtlichen Windverhältnissen ab. Einige Beispiele für den Jahresertrag verschiedener Anlagen in Abhängigkeit vom Jahresmittel der Windgeschwindigkeit wurden schon in Tabelle 1 genannt.

Neben den Windverhältnissen und der Anlagenkonstruktion bestimmt am Ende aber noch ein weiterer Faktor den nutzbaren Ertrag - nämlich der Stromverbraucher selbst. Unsere kleinen Windräder liefern ja nicht wie die großen Anlagen Strom in ein stets aufnahmebereites, öffentliches Netz, sondern in eine Batterie. Ist diese voll, kann auch ein gutes Windangebot nicht mehr genutzt werden. Die Kunst des Windkraftanlagen-Betreibers besteht deshalb darin, seinen Stromverbrauch dem Windenergieangebot in möglichst weiten Grenzen anzupassen; das heißt, einerseits den Verbrauch bei Flaute einzuschränken, und andererseits dann viel Strom zu verbrauchen (z.B. zur Wasserförderung in einen Vorratsbehälter), wenn der Laderegler die volle Batterie zum Schutz vor Überladung vom Generator trennen würde. In der Praxis sind dieser Anpassung des Verbrauchs verständlicherweise vielfach Grenzen gesetzt, wobei in Zukunft die Wasserstofftechnik vielleicht mithelfen kann, die Angebotsschwankungen besser auszugleichen.

4. Hinweise für Planung, Kauf und Montage

Die Situation ist ganz ähnlich wie beim Autokauf: Wer die Wahl hat, hat auch die Qual. Derzeit werden auf dem deutschen Markt 17 Windkraftanlagen zum Laden von Batterien und einige weitere zur Wasserförderung angeboten. Da fällt es oft sehr schwer, die Richtige auszuwählen. Andererseits sollten wir über das wachsende Angebot und den damit verbundenen Wettbewerb froh sein, denn noch vor einigen Jahren gab es nur 3 bis 4 Angebote, die relativ teuer und keineswegs so gut waren wie das, was heute am Markt erhältlich ist. Im folgenden sind die wichtigsten Gesichtspunkte für die Auswahl zusammengestellt.

Wahl der Größe

Zunächst muß ermittelt werden, welche Verbraucher versorgt werden sollen und wie der Stromverbrauch mit dem Windenergieangebot in Einklang zu bringen ist. Einige Hinweise für eine überschlägige Dimensionierung wurden bereits in Kapitel 2 gegeben.

Erfahrungsgemäß kommt aber auch bei der Windstromnutzung der Appetit beim Essen: Hat sich die kleine Anlage für die allernötigsten Verbraucher erst einmal bewährt, entsteht schnell der Wunsch, weitere Geräte anzuschließen. Im Gegensatz zu Solargeneratoren, wo es relativ leicht ist, eine bestehende Anlage um ein paar Panele zu erweitern, läßt sich die Leistung einer Windturbine nicht einfach dadurch vergrößern, indem größere Flügel angeschraubt oder eine zweite Anlage gleichen Typs auf demselben Mast montiert wird. Außerdem sind größere Anlagen bezogen auf die Nennleistung deutlich billiger als kleine, von Ausnahmen einmal abgesehen. Wie aus Tabelle 3 (Kap. 5) zu entnehmen ist, kostet 1 W Nennleistung bei gängigen Anlagen im Leistungsbereich 0,5 - 1 kW etwa 6,50 bis 7,50 DM, während bei Kleinstanlagen mit 40 - 50 W Nennleistung etwa 20 bis 30 DM/Watt aufgewendet werden müssen.

Weiterhin gilt es zu bedenken, daß Windgeschwindigkeiten von 10 m/s, bei denen die Nennleistung erreicht wird, nur an wenigen Tagen im Jahr erreicht werden; selbst in sehr windgünstigen Gebieten wird daher die nutzbare mittlere Leistung wesentlich niedriger als die Nennleistung ausfallen. Im Gegensatz zu Solarzellen haben die Windturbinen andererseits den Vorteil, daß sie auch nachts arbeiten.

Welche Spannung?

Die meisten Anlagen sind für 12 und 24 V Batterie-Nennspannung ausgelegt, 36 oder 48 V werden als Systemspannung kaum gewählt. Für 12 V gibt es mit Abstand die meisten Geräte, zum Teil aus dem Caravan-, Camping- und Bootsbereich. Damit ist 12 V eine brauchbare Spannung für kleine, räumlich begrenzte Anlagen: kleine Wochenend- und Ferienhäuser oder Kleingärten, netzferne Ställe mit Verbrauchern geringer Leistung. Wohnhäuser, größere Garten- oder Stallanlagen sollten besser aus einem 24 V-Netz versorgt werden, da bei 12 V die Leitungsverluste zu groß würden.

Bedenke: um einen Wechselrichter mit 1 kW Nutzleistung am 12 V-Netz zu betreiben, müssen auf der Gleichstromseite fast 100 A fließen!

Das Angebot an 24 V-Gleichstromgeräten wird zwar wegen der steigenden Nachfrage laufend größer, doch gibt es noch spürbare Lücken, beispielsweise bei kleinen Wasserpumpen oder Ventilatoren. Um solche Geräte mit 12 Volt dennoch betreiben zu können, bietet sich der Einsatz moderner, elektronischer Gleichspannungswandler an, die 24 Volt-Gleichstrom mit relativ geringen Verlusten nach 12 Volt umsetzen und ggf. auch umgekehrt (vgl. Kap. 8.9).

Geräuschemissionen

In den Ohren der Besitzer von Windkraftanlagen klingen deren Geräusche eher angenehm. Auch Tiere gewöhnen sich nach meiner Erfahrung sehr schnell an die unbekannten Geräusche, Schattenbewegungen und Reflexe, die Windturbinen nun einmal in starker Abhängigkeit von Windstärke, Windrichtung und Sonnenstand hervorrufen.

Grundsätzlich gilt: je größer die Schnellaufzahl, um so höher und stärker sind die erzeugten Töne, die sich schwer beschreiben lassen, am ehesten vielleicht noch als rhythmisches Zischen, Pfeifen oder Rauschen. Sehr langsam laufende Anlagen wie Savonius-Rotor oder Windrose geben bei niedrigen und mittleren Windgeschwindigkeiten kaum störende Geräusche ab und bei Sturm überdecken die Windgeräusche selbst die Emissionen der Turbine.

Für die hier beschriebenen, kleinen Windkraftanlagen konnten bisher weder Geräuschmessungen durchgeführt werden, noch sind dem Verfasser entsprechende Ergebnisse bekannt. Wer Probleme befürchtet, sollte sich daher beim Hersteller oder Lieferanten Referenzobjekte empfehlen lassen und diese bei gutem Wind einmal besichtigen, oder besser gesagt, behorchen.

Wartung und Pflege

Im Vergleich zu einem benzin-, gas- oder dieselmotorgetriebenen Stromerzeuger sind »Windlader« sehr wartungsarm. So wird nicht nur die Kraftstoffversorgung eingespart, es entfallen auch die regelmäßigen Service-Arbeiten wie Öl- und Filterwechsel oder Ventilspieleinstellung.

Fast alle kleinen Windturbinen zum Batterieladen sind heute mit getriebelosen, permanentmagneterregten und kohlebürstenlosen Generatoren ausgerüstet. Da diese Generatoren im Gegensatz zu alten Gleich- und Drehstrom-Generatoren keine Feldwicklung für die magnetische Erregung besitzen, können sie auch dann noch Strom erzeugen, wenn die Batterie absolut leer ist. Elektronische Laderegler, die meist im Anlagen-Preis inbegriffen sind, sorgen dafür, daß die Batterie nicht überladen und auch (nur bei einigen Reglern) nicht zu tief entladen wird.

In der Regel kommen die Anlagen mit nur 4 dauergeschmierten Kugellagern aus, die auf mehrjährige Lebensdauer ausgelegt sind. Die früher oft vorhandenen Keilriemen- und Kettentriebe gibt es nicht mehr. Nur eine Ausführung (FD 3,6-1000) hat ein im Ölbad laufendes Stirnradgetriebe und eine andere (Solavent) einen Zahnriementrieb, der so gut wie keine Pflege braucht. Die aus England stammenden Rutland-Turbinen WG 910 und FM 1800 verzichten auch ganz auf Gelenke, die geschmiert werden müssen, während bei den in China gefertigten Anlagen C.100, B.100 und B.300 von Harbarth/Mühlingen einmal jährlich die Gelenkbolzen der Sturmsicherung (Eklipsenregelung) gefettet werden sollten.

Bei allen Anlagen lohnt es sich, in ein- bis zweijährigem Abstand alle Schrauben, insbesondere die der Flügelbefestigung, auf festen Sitz und die Rotorlager auf Spiel zu kontrollieren. Kleine Schäden an den Rotorblättern, wie sie durch Hagelschlag und Lufterosion an den Nasen und Spitzen der Flügel auftreten können, sollten gleich mit Polyesterspachtel und Lack ausgebessert werden, denn wenn erst einmal Wasser eindringt, können Unwuchten und Frostschäden entstehen. Selbstverständlich ist auch die Mastverankerung in die Kontrolle mit einzubeziehen.

Das Preis-Leistungs-Verhältnis

Wie aus Tabelle 3 zu ersehen ist, sind die Preisunterschiede bei den untersuchten Kleinanlagen beträchtlich, insbesondere wenn die spezifischen Preise z.B. bezogen auf 1 W Nennleistung betrachtet werden. Beim Vergleich der Angebote ist daher zu kontrollieren, ob nur der Rotor mit Generator, Windfahne und Azimutlager geliefert wird oder ob auch noch Teile für die Mastkonstruktion oder Laderegelung im Angebot enthalten sind. So ist z.B. beim Rutland-Rotor FM 180 ein Laderegler im Preis inbegriffen, beim WG 110 (ebenfalls Rutland) dagegen nicht.

Daß die in China gefertigten Rotoren von Harbarth ein recht günstiges Preis-Leistungsverhältnis aufweisen, hängt mit deren einfacher Bauweise und Verarbeitung zusammen. Dagegen fordern die aufwendig hergestellten Flügel und vor allem das in Aluminium-Druckguß gefertigte Generatorgehäuse des FM 180 natürlich ihren Preis. Über die LMW Anlagen kann ich leider noch keine Aussagen in dieser Richtung machen. Bei dem relativ teuren Solavent-Typ muß einmal die sehr stabile und auf langjährige Haltbarkeit ausgelegte Bauweise (Aluminium verklebt und vernietet), der geräuscharme Lauf und die Kombinationsmöglichkeit des Rahmengerüstes mit Solargeneratoren berücksichtigt werden (siehe Abb. 2).

5. Produktübersicht käuflicher Anlagen

Zum Zeitpunkt der Fertigstellung dieses Buches (April '91) gab es in Deutschland nach meinem Kenntnisstand 14 käufliche Windkraftanlagen zum Batterieladen (Horizontalachsrotoren) von 6 Herstellern bzw. Vertreibern, außerdem 2 Vertikalachsrotoren zum Batterieladen von einem Hersteller sowie 4 Windpumpen. Im folgenden werden die einzelnen Anlagen vorgestellt, wobei diejenigen Typen, die ich genau kenne, natürlich ausführlicher beschrieben werden können.

5.1 Horizontalachsrotoren zum Laden von Batterien

Allen Anlagen ist gemeinsam, daß sie als Bausatz in Einzelteilen geliefert (Flügel, Rotornabe, Generator, Azimutlagerung, Windfahnenträger und Windfahne sowie evtl. noch Teile für den Mast) und vom Betreiber zusammengeschraubt werden (Abb. 7). Dabei fallen zum Teil auch etwas heikle Arbeiten wie das Justieren und Auswuchten der Flügel an.
Getriebelose Permanentmagnet-Generatoren (vgl. Abb. 34) sind heute selbstverständlich. Die Flügelzahl reicht von 2 bis 6, Dreiflügler sind am stärksten vertreten. Da sich die Permanentgeneratoren nicht mit tragbarem Aufwand in der Spannung regeln lassen, können bei großen Windgeschwindigkeiten bzw. Drehzahlen und abgeklemmter Batterie hohe und gefährliche Leerlaufspannungen auftreten. Deshalb sind die Installationsarbeiten auch bei den relativ niedrigen Nennspannungen von 12 oder 24 V sorgfältig auszuführen.
Bis auf eine Ausnahme (LMW 150 und 250) sind alle angebotenen Anlagen als Luvläufer konzipiert, d.h. von der Windrichtung her gesehen läuft der Rotor vor dem Mast, eine Windfahne sorgt für die Nachführung.

Abb. 7:
So werden die Einzelteile einer kleinen Windkraftanlage (D. 300 - 24) zum Batterieladen angeliefert. Der Zusammenbau ist in der Regel kein Problem, sofern eine gute Betriebsanleitung vorhanden ist.

Aerogen-Windgeneratoren

Aerogen-Windgeneratoren werden in England von der Fa. LVM hergestellt und von verschiedenen Yachtausrüstern wie Kubatz/München und Bielka-Yachttechnik/Düsseldorf vertrieben. Sie sind für die rauhen Einsatzbedingungen auf Hochseebooten (seewasserfeste Ausführung) konstruiert.

Der kleinste Typ, *Aerogen 25*, hat 5 Flügel und nur 571 mm Rotordurchmesser. Der direkt angetriebene, 8-polige Permanentmagnet-Wechselstromgenerator ist nur für 12 V-Systemspannung lieferbar, d.h. nicht für 24 V. Die Nennleistung wird mit 9 W bei 10 m/s und die Maximalleistung mit 36 W bei 25 m/s angegeben. Der Generator hat, wie alle Aerogen-Anlagen, eine thermische Überlastsicherung. Der Preis liegt bei 595 bis 776 DM.

Der *Aerogen 3* (Abb. 8) ist ein 5-Flügler mit 768 mm Durchmesser und direkt angetriebenem, 12-poligem Per-

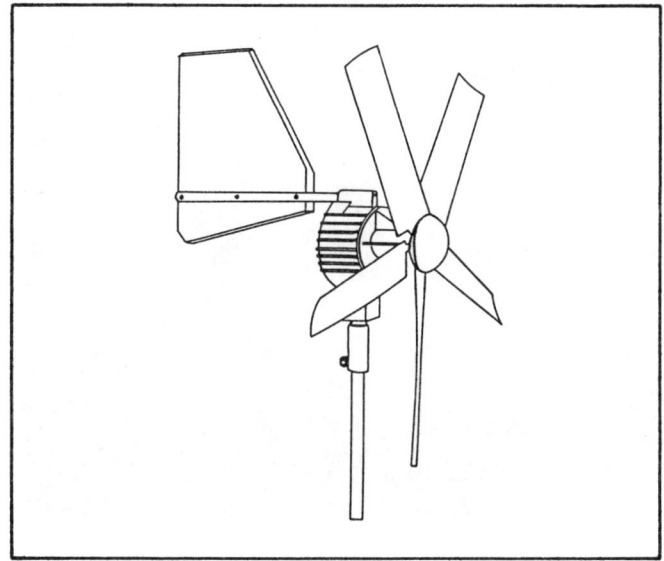

Abb. 8:
Aerogen 3. Diese Anlage wurde speziell für den Einsatz unter maritimen Bedingungen auf Yachten, Booten, Bojen und Seestationen entwickelt. Quelle: Firmenunterlagen

manentmagnet-Drehstromgenerator (wahlweise 12 oder 24 V). Die Flügel sind aus glasfaserverstärktem Polyamid, die Nabe, das Generatorgehäuse und die Windfahne aus seewasserfestem, kunststoffbeschichtetem Aluminium gefertigt. Die Stromableitung erfolgt über Schleifringe. Erstaunlich ist das niedrige Gewicht von nur 6 kg. Die vom Hersteller angegebene Nennleistung von 70 W bezieht sich auf ca. 12 m/s Windgeschwindigkeit, bei 10 m/s sind es nur etwa 50 W. Mit einem Preis von 1.275 DM für die 12 V-Ausführung ist der Aerogen 3 zwar deutlich teurer als beispielsweise der WG 910, aber nach Auskunft von Bielka für den maritimen Einsatz besser beeignet.

Der *Aerogen 5* besitzt 3 Holz-Laminat-Flügel mit 1.800 mm Durchmesser und ebenfalls einen direkt angetriebenen 12 oder 24 V-Permanentmagnet-Drehstromgenerator. Alle Metallteile bestehen entweder aus Aluminium oder verzinktem Stahl mit zusätzlicher Kunststoffbeschichtung. Auch hier wird der Strom über Schleifringe abgeleitet. Die angegebene Leistung von 250 W ist eine Maximalleistung, die der Generator bei ca. 16 m/s Windgeschwindigkeit erreicht, bevor der Rotor aus dem Wind schwenkt. Bei 10 m/s werden etwa 120 W erreicht. Der Preis beträgt 2.995 DM, wobei auch wieder die seewasserfeste Ausführung berücksichtigt werden muß. In Kürze wird der Aerogen 3 auch mit 6 Flügeln geliefert für Anwendungsfälle, wo ein besonders ruhiger Lauf gefragt ist.

Rutland WG 910

Mit diesem Windgenerator (Abb. 9), der zuerst von Conrad-Elektronik mit großem Erfolg aus England eingeführt wurde und heute auch noch von anderen Firmen vertrieben wird, habe ich selbst mehrjährige, durchaus positive Erfahrungen gemacht. Der Rotor hat 6 Flügel aus thermoplastischem Kunststoff (schlagzähes Polystyrol), die im Spritzgußverfahren hergestellt sind und 91 cm Flügelkreisdurchmesser überstreichen. Sie sitzen am Außenumfang eines hochmodernen 50 W-Scheibengenerators, der speziell für diese Anlagen in großen Stückzahlen gefertigt wird. In zwei Gehäusehälften aus duroplastischem Kunststoff (Polyester)

sind zwei 8-polige, scheibenförmige Sintermagnete eingepreßt, die mit den Flügeln um die feststehende, ebenfalls scheibenförmige und mit Kunststoff vergossene Wickelung rotieren (Abb. 10). Die an der Wicklung sitzende Welle trägt zwei geschlossene Kugellager und ist mit der kleinen, kastenförmigen Gondel verbunden, die über einen seitlich angebrachten Deckel gut zugänglich ist. Diese enthält den Brückengleichrichter, der den vom Generator erzeugten, einphasigen Wechselstrom verlustarm in Gleichstrom verwandelt. Außerdem sind dort zwei Schleifringe zur Ableitung des Stroms durch den Rohrmast untergebracht sowie eine Reglerdrossel, die bei zu starker Erwärmung des Generators über einen Thermostatschalter in den Wechselstromkreis eingeschaltet wird, um die Stromstärke zu begrenzen.

Abb. 10:
Geöffneter Scheibengenerator der WG 910-Anlage. In der linken Gehäusehälfte ist einer der beiden rotierenden Scheibenmagnete zu sehen und unter der linken Hand die feststehende, in Kunststoff vergossene Wickelung.

Abb. 9:
Rutland WG 910. Dieser Windgenerator wurde durch Conrad Elektronik bei uns sehr bekannt und dürfte wohl die bisher in Deutschland am meisten verkaufte Kleinstwindkraftanlage sein.

Der WG 910 hat nämlich keine mechanische Sturmregelung, die für ein Ausschwenken des Rotors aus der Windrichtung sorgt. Lediglich viereckige Noppen an der Flügelrückseite sollen für Verwirbelungen bei hohen Drehzahlen und einen gewissen Bremseffekt sorgen.

Das Azimutlager besteht aus zwei geschlossenen Kugellagern und endet in einer Glocke aus feuerverzinktem Stahl, die über das Mastrohr mit 61 mm Außendurchmesser (2" verzinktes Wasserleitungsrohr) gestülpt und mit 6 Stellschrauben befestigt wird. Die dreieckige Windfahne aus lackiertem Stahlblech ist direkt an der Gondel befestigt.

Der Preis liegt zwischen 975 und 998 DM für die 12 V-Ausführung ohne Laderegler, auf den bei dieser relativ kleinen

riger Windgeschwindigkeiten verzichtet wird. Umgekehrt eignet sich der 24 V-Generator auch für 12 V-Anlagen, allerdings wird bei mittleren und hohen Windgeschwindigkeiten ein Teil der Leistung »verschenkt« (siehe auch Abb. 27). Der Generator ist in beiden Fällen durch den Thermoschalter gegen Überlastung geschützt.

Für den Einsatz auf Booten gibt es zum Preis von 1.125 DM noch eine Ausführung »Marine« mit Vibrationsdämpfer, verkürzter Windfahne und einem Mastanschluß an Alurohr mit 64 mm Außendurchmesser.

Achtung: Bei der Montage der Flügel ist unbedingt darauf zu achten, daß jeder Flügel mit *zwei* und nicht nur mit einer der mitgelieferten Edelstahlschrauben 4 x 25 mm mit selbstschneidendem Gewinde befestigt wird. Im Bausatz müssen also 12 und nicht wie bei der von mir getesteten Anlage 6 Schrauben vorhanden sein, sonst fliegen bei orkanartigem Sturm die Flügel durch Fliehkräfte davon.

Abb. 11:
Der in England hergestellte Ampair 100-Windgenerator wird vorwiegend auf Yachten und Booten eingesetzt. Die Windfahne ist wie beim Aerogen extrem kurz, um einen geringen Drehdurchmesser und Platzbedarf zu erreichen.   Quelle: Firmenunterlagen

Ampair 100

Dieser englische Windgenerator (Abb. 11 und 12) mit 915 mm Durchmesser und 6 GFK-Flügeln ähnelt dem Aerogen 3; er wird von der Firma Bielka Yachttechnik (Düsseldorf) geliefert. Als Besonderheit gegenüber dem Aerogen 3 besitzt er einen Generator mit zwei auf einer Welle sitzenden Permanentmagnetankern, denen zwei Wicklungen gegenüberstehen. Die Ankerpole sind so gegeneinander winkelversetzt, daß die Polfühligkeit (Ribbelmoment) reduziert wird. Die Windfahne, der Flügelflansch und das Azimutlagergehäuse bestehen aus seewasserfestem Aluminium. Im Schleifringgehäuse ist ein Gleichrichter eingebaut. Die Anlage ist in 12 und 24 V-Ausführung lieferbar, die Leistung wird mit maximal 100 W angegeben, bei 10 m/s Windgeschwindigkeit dürfte sie bei ca. 50 W liegen. Die 12 V-Version kostet 1.825 DM, die 24 V-Version ist mit 1.875 DM nur unwesentlich teurer. Ob dieser gegenüber dem WG 910 relativ hohe Preis durch bessere Leistung zu verantworten ist, kann ich leider nicht beurteilen, da mir bisher noch keine Ampair-Anlage zur Verfügung stand.

Generatorleistung verzichtet werden kann, wenn die Batterie mehr als 100 Ah Kapazität besitzt und regelmäßige Stromentnahme erfolgt. Die 24 V-Ausführung kostet 80 DM mehr. Notfalls lassen sich mit dem 12 V-Generator auch 24 V-Batterien laden, wenn auf eine Ausnutzung sehr nied-

C.100-12

»C.100-12«, so hat die Firma Harbarth (Mühlingen) das 2-flügelige, auch als »chinesisches Volkswindrad« bekannte Kleinstwindkraftwerk getauft, das bei mir seit Juni 1988 läuft (Abb. 13). Die Flügel dieses in Peking gebauten Schnelläufers bestehen aus Holz mit GFK-Ummantelung und sind nicht direkt mit dem Generatorflansch verschraubt, sondern mit zwei Edelstahlblechen eingefaßt, die auch den Anstellwinkel vorgeben.

Der Flügelkreisdurchmesser beträgt 165 cm; als Nennleistung wird ein Wert von 100 W bei 12 V bzw. 200 W bei 24 V angegeben. Der permanentmagneterregte Generator in Trommelbauweise erzeugt Drehstrom, der normalerweise über ein dreiadriges Kabel zum Laderegler geleitet und dort gleichgerichtet wird. Es ist jedoch leicht möglich, im Generatorgehäuse einen üblichen Brückengleichrichter unterzubringen und den Gleichstrom über ein zweiadriges Kabel ohne Regler in die Batterie zu bringen, wenn diese durch regelmäßiges Entladen vor Überladen geschützt ist oder - wie in meinem Fall - als große, offene Nickel-Cadmium-Batterie ein Überladen nicht übelnimmt. Da der Strom ohne Schleifringe per Kabel durch den Rohrmast geleitet wird, muß dieses Kabel gelegentlich auf Verdrillen kontrolliert und ggf. geglättet werden.

Die im Grundpreis enthaltene Laderegler-Station schaltet bei Erreichen der Ladeschluß-Spannung die Batterie ab, bis sie durch Entladen wieder Strom aufnehmen kann. Stattdessen wird der Strom auf 3 Heizwiderstände geschaltet, wodurch das Windrad stets unter Last läuft.

Als Eigenstromverbrauch des Reglers habe ich 0,15 W gemessen. In Gegenden mit niedrigen mittleren Windgeschwindigkeiten kann es sinnvoll sein, zu einer Phase der Wicklung einen Kondensator (10.000 μF, Kosten ca. 24 DM) parallel zu schalten, was die Ladespannung bei niedrigen Drehzahlen erhöht. Andererseits wird dadurch aber die Maximalleistung bei höheren Windgeschwindigkeiten verringert.

Dieser Windgenerator hat eine sehr einfache, aber wirksame Eklipsen-Regelung als Sturmsicherung (Abb. 14). Der Windfahnenträger ist mit einem schrägsitzenden Bolzen so

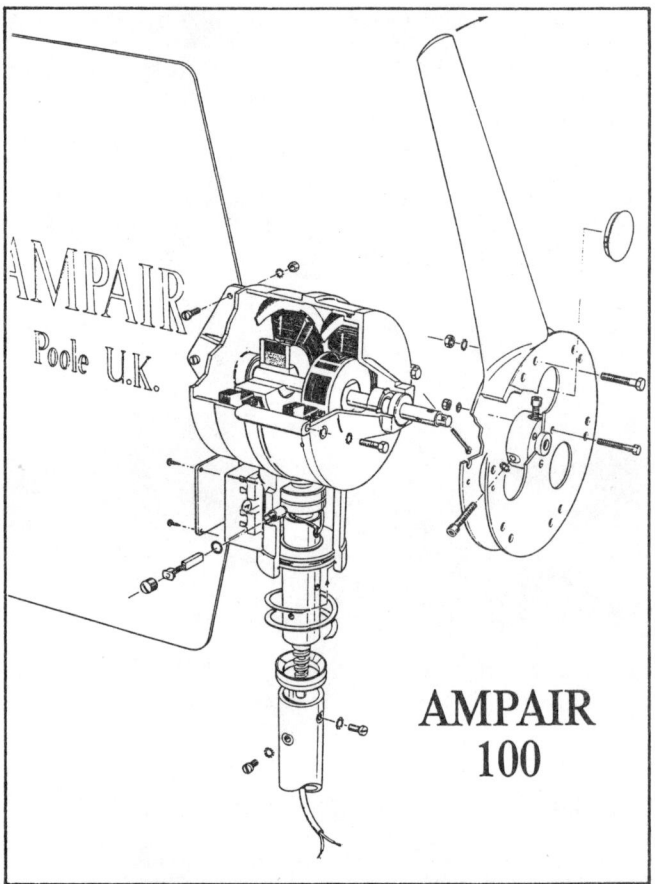

Abb. 12:
Die Explosionszeichnung des Ampair 100 läßt den permanentmagneterregten Doppelankergenerator gut erkennen.
Quelle: Firmenunterlagen

an der Generatorkonsole befestigt, daß der Staudruck des Windes bei Geschwindigkeiten von 17 - 20 m/s den gegenüber dem Azimutlager um einige Zentimeter seitlich versetzten Rotor aus dem Wind dreht (Abb. 15). Die Windfahne wird dabei angehoben und drückt durch ihr Gewicht den Rotor bei abflauendem Wind wieder automatisch in

die richtige Position. Die Windfahne aus verzinktem Stahlblech ist relativ groß und sorgt in Verbindung mit dem zweifach kugelgelagerten, sehr leichtgängigen Azimutlager für eine gute Nachführung bei niedrigen Windgeschwindigkeiten.

Die Anlage wurde bis 1989 komplett mit Mastfuß, Seilabspannung, Erdankern und Ladestation für Einsteck-Montage in einen vorhandenen 1 $\frac{1}{2}$"-Rohrmast (42 mm Innendurchmesser) zum Preis von 1.380 DM geliefert. Damit war sie vom Preis-Leistungsverhältnis her nicht zu schlagen. Allerdings störten sich manche Käufer an gewissen, die Funktion keinesfalls schmälernden Verarbeitungsmängeln wie schlecht gesäuberte Schweißstellen und Fehlern in der Lackierung, so daß die Fa. Harbarth jetzt nachträglich den Windfahnenträger feuerverzinken läßt und die übrigen Teile nachlackiert. Dadurch erhöht sich der Preis auf 1.850 DM einschließlich Laderegler, aber ohne Mastteile, die jetzt auf Wunsch einschließlich Rohre mit Flanschverbindung für 295 DM geliefert werden. Ohne den auf 12 V-Batterien eingestellten Laderegler kann der C.100-12 bei höheren Drehzahlen auch 24 V-Batterien laden. Wegen der höheren Spannung soll der Generator dann maximal etwa 200 W lei-

Abb. 13:
Zweiflügeliger »Chinagenerator« C.100-12 mit Blättern aus kunststoffbeschichtetem Holz.
Hier ist gut zu sehen, daß die Rotorwelle um einige Zentimeter nach rechts gegenüber dem Azimutlager versetzt ist. In Verbindung mit dem schräg angelenkten Windfahnenträger ergibt sich eine einfache, aber sehr wirksame und orkansichere Sturmregelung (Eklipsenregelung).

Abb. 14:
Seitenansicht des »Chinagenerators« mit der erfreulich großen Windfahne.
Links unterhalb des Generators und neben dem Azimutlager ist der schräg angeordnete Gelenkbolzen zu sehen, der zur Eklipsenregelung gehört. Im Hintergrund links der dreiflügelige Rutland FM 180, der sechsflügelige Rutland WG 910 und am Boden der Herter-Rotor.

sten, was durch meine Messungen jedoch nicht bestätigt wurde. Bei sehr niedrigen Windgeschwindigkeiten liegt die Generatorspannung allerdings unter 24 V, so daß in diesem Fall kein Strom in die Batterie fließt.

B.100-24

Diese ebenfalls in China gefertigte Anlage wird seit 1990 von Harbarth/Mühlingen vertrieben. Wie der C.100-12 ist es ein zweiflügliger Schnelläufer mit direkt angetriebenem, permanentmagneterregtem Drehstromgenerator und 100 W Nennleistung bei 24 V.
Die Flügel bestehen aus faserverstärktem Nylon (Polyamid) und machen einen sehr robusten Eindruck. Der Flügelkreisdurchmesser beträgt 164 cm. Das Azimutlager besteht aus einem oberen Kugellager und einem unteren Gleitlager. Am oberen Teil des Lagers ist die Generatorkonsole mit einem horizontalen Gelenk und zwei nach unten zeigenden Winkeleisen mit Gegengewichten so befestigt, daß der Rotor mit Generator bei Sturm durch Staudruck nach hinten gekippt wird. Dadurch kommt der Rotor in eine waagerechte Lage wie beim Hubschrauber und wird gegen Überdrehen geschützt. Bei Abflauen des Windes holen die Gegengewichte den Rotor automatisch wieder in die Normalposition. Die Windfahne und der Windfahnenträger sind verzinkt, während alle anderen Teile lackiert geliefert werden. Das Azimutlager sitzt an einem 1 m langen Rohrstück, das am unteren Ende einen Flansch zur Befestigung am Mast hat. Die Stromableitung erfolgt ohne Schleifringe, so daß die Kabelverdrillung von Zeit zu Zeit kontrolliert werden muß. Im Preis von 1.690 DM inbegriffen ist ein Laderegler mit Gleichrichter und Lastwiderständen, wie schon beim C.100-12 beschrieben. Auf Wunsch und gegen einen Aufpreis von 250 DM gibt es Mastteile aus $1\frac{1}{2}$"-Rohr mit Flanschverbindungen, Mastfuß mit Kippgelenk, Seilen, Spannschlössern und Erdanker für eine Nabenhöhe von 4,5 m.

Abb. 15:
Sturmstellung des »Chinagenerators«. Der Rotor wird durch den Staudruck des Windes fast um 90° aus der Arbeitsstellung gedreht, wodurch sich die Angriffsfläche für den Wind stark verkleinert.

D.300-24

Der D.300-24 ist der größere Bruder des schon beschriebenen B.100-24 (Abb. 16 und 17). Er läuft seit April 90 bei mir im Praxistest. Beide Anlagen sind an den etwas nach hinten gekrümmten, rosafarbenen, schlanken Flügeln aus faserverstärktem Polyamid zu erkennen. Der im Gegensatz zur C.100-12 dreiflügelige Rotor hat einen Durchmesser von 190 cm, der Generator ist auf eine Nennleistung von 300 W bei 24 V und 12 m/s Windgeschwindigkeit (entspre-

chend ca. 270 W bei 10 m/s) ausgelegt. Beim Laden von 12 V-Batterien wird nach Firmenangaben eine Leistung von 200 W bei 12 m/s und von ca. 180 W bei 10 m/s erreicht.

Die Ausführung von Azimutlager, Windfahne und Sturmsicherung (Abb. 18) gleicht dem B.100-12. Der Preis beträgt 2.520 DM einschließlich einer Laderegler-Station. Mastteile werden wie beim B.100-12 auf Wunsch für 250 DM geliefert.

LMW-Anlagen

LMW, eine holländische Firma aus Groningen, baut Windgeneratoren im Leistungsbereich von 150 bis 1000 W, die bei uns von mehreren Firmen angeboten werden. Es sind Zwei- und Dreiflügler mit GFK-Blättern, getriebelosen Permanentmagnetgeneratoren und Drehzahlbegrenzung mit Eklipsenregelung oder Blattverstellung durch Fliehkraft (vgl. Abb. 65). Der Rotordurchmesser liegt zwischen 130 cm (LMW 150) und 300 cm (LMW 1003). Alle Anlagen können sowohl mit 12 als auch mit 24 V Nennspannung geliefert werden. Die Preise liegen zwischen 2.850 und 5.850 DM (vgl. Tabelle 3).

Rutland FM 180

Dieser von Marlec-Engineering in England hergestellte Dreiflügler (Abb. 19) wird von Conrad Elektronik (Hirschau) vertrieben. Es ist eine high-tech-Anlage, die schon auf den ersten Blick erkennen läßt, daß hier weder am Material,

Abb. 16:
Der Dreiflügler D.300-24 von Harbarth unterscheidet sich von allen anderen Anlagen durch die etwas nach hinten gekrümmten Flügel und die Sturmregelung mit den Gegengewichten.

Abb. 18:
Sturmstellung des D.300-24. Der Rotor klappt dabei in eine Hubschrauberposition (siehe auch Abb. 17).

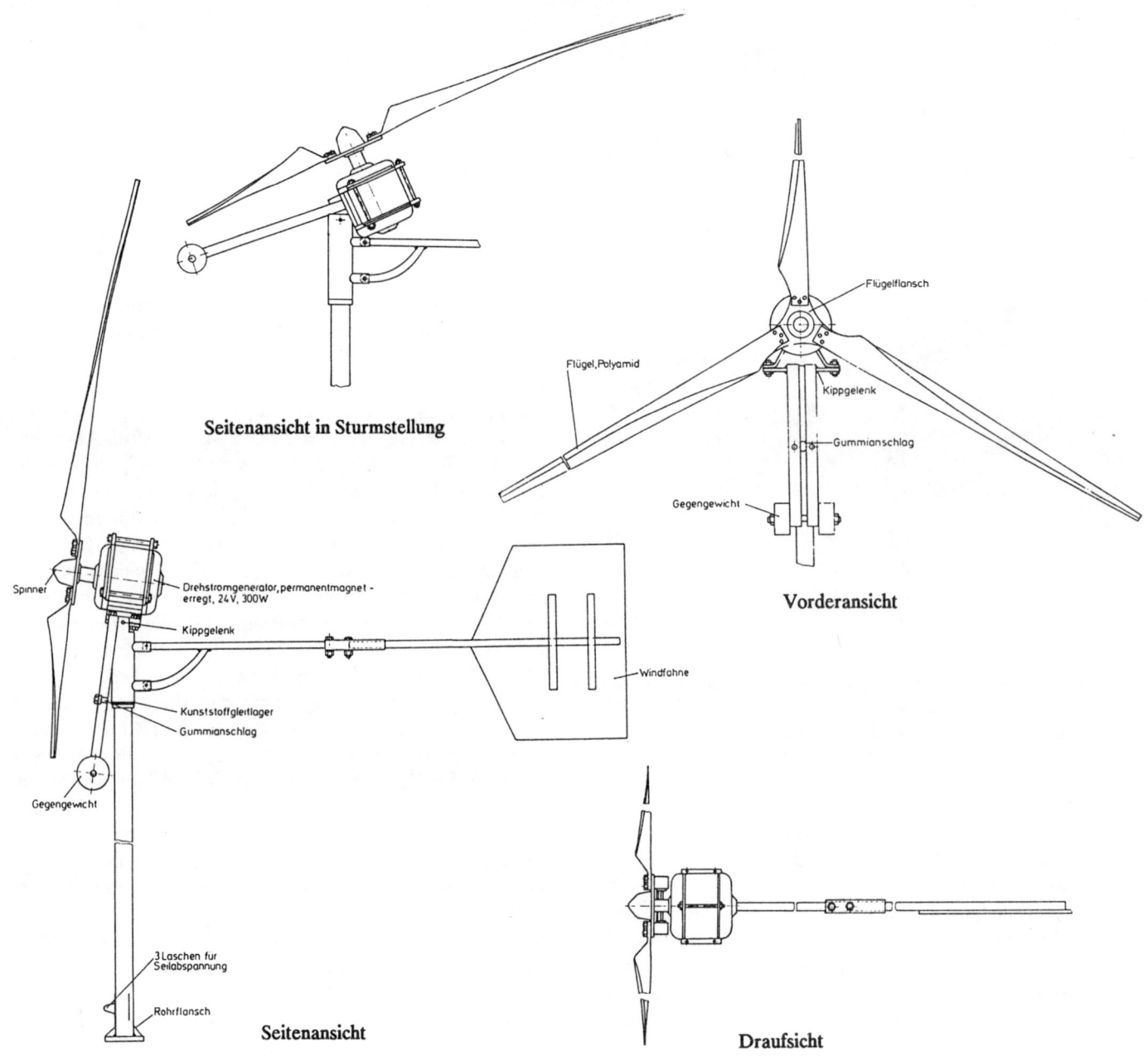

Seitenansicht in Sturmstellung

Flügelflansch

Flügel, Polyamid

Kippgelenk

Gummianschlag

Gegengewicht

Vorderansicht

Spinner

Drehstromgenerator, permanentmagnet-erregt, 24V, 300W

Kippgelenk

Kunststoffgleitlager

Gummianschlag

Windfahne

Gegengewicht

3 Laschen für Seilabspannung

Rohrflansch

Seitenansicht

Draufsicht

Abb. 17: Dreiflügelige Windkraftanlage zum Batterieladen, Typ D.300-24, mit 1,9 m Flügelkreisdurchmesser.

Abb. 19:
Rutland FM 180. Typisch für diesen Dreiflügler sind die sehr tiefen (breiten) Flügel, der Wechselstrom-Scheibengenerator und die leider sehr kleine, gelenkig angebrachte Windfahne.

noch mit technischem Wissen gespart wurde (Abb. 20). Ich habe diese Anlage seit November '88 im Test.

Die Flügel aus GFK mit PU-Ausschäumung sind auf einen kreisrunden Nabenflansch geschraubt und ausgewuchtet. Eine Kennzeichnung sorgt dafür, daß sie in die richtige Position kommen. Das Flügelprofil ist sehr tief (breit) und verjüngt sich nach außen hin konisch. Der Rotordurchmesser beträgt 183 cm. Der Scheibengenerator sitzt in einem Gehäuse aus Aluminium-Druckguß und ist ähnlich aufgebaut wie der des WG 910.

Der Generator erzeugt einphasigen Wechselstrom, der über zwei Schleifringe in das durch den Rohrmast geführte Kabel geleitet wird, welches dadurch bei Windrichtungsänderungen nicht verdrillt wird. Die relativ hohe Spannung des Wechselstromes von 20 - 200 V je nach Windgeschwindigkeit ist für den Stromtransport über größere Entfernung sehr günstig, da verlustärmer als die Übertragung mit 12 V-Gleichstrom. Erst in der Ladestation in Batterienähe wird der Wechselstrom gleichgerichtet. Ein elektronisch gesteuertes Relais sorgt dafür, daß der Strom bei niedrigen Windgeschwindigkeiten und Rotordrehzahlen direkt in die Batterie fließt. Bei mittleren und höheren wird er hingegen auf Batteriespannung heruntertransformiert, wodurch sich die Ladestromstärke und damit die Leistung erhöht. Auf diese Weise kann ein großer Windstärkebereich gut genützt werden.

Das Azimutlager ist doppelt kugelgelagert und ebenso wie die Rotorlagerung geschlossen und wartungsfrei. Auch hier wird zur Sturmsicherung die bewährte Eklipsenregelung eingesetzt, die in Verbindung mit der gelenkigen und federbelasteten Anordnung der Windfahne dafür sorgt, daß der Rotor bei zu hohen Windgeschwindigkeiten zur Seite wegschwenkt. Neuerdings wird der FM 180 nicht mehr mit federbelasteter Windfahnenlagerung geliefert. Vielmehr ist der Windfahnenträger so befestigt, daß die Fahne schräg steht und durch ihr eigenes Gewicht gegen den Anschlag fällt. Offenbar versucht der Hersteller mit dieser Lösung, mögliche Federbrüche (vgl. Erfahrungsbericht in Kapitel 6.4) zu umgehen. In meiner Nähe läuft seit kurzem eine Anlage mit dieser neuen Ausführung, bei der es aber Probleme mit der Nachführung bei niedrigen Windgeschwindigkeiten gibt, denn durch die Schrägstellung wird die Wirksamkeit der ohnehin zu kleinen Fahne weiter verringert.

Mit einem sehr praktischen und stabilen Klemmanschluß kann die Anlage auf einem Mastrohr mit 90 mm Außendurchmesser montiert werden.

Von diesem Anlagen-Typ hat die Firma Conrad Elektronik schon eine größere Stückzahl verkauft. Zwar ist derzeit nur die 12 V-Ausführung ab Lager lieferbar, doch kann auf Wunsch auch die 24 V-Anlage (mit etwas längerer Lieferzeit) geliefert werden. Der Preis beträgt 3.480 DM inclusive Ladestation, aber ohne Mastteile. Die Fa. Conrad kann bei Bedarf auch eine geprüfte statische Berechnung für einen Rohrmast vermitteln.

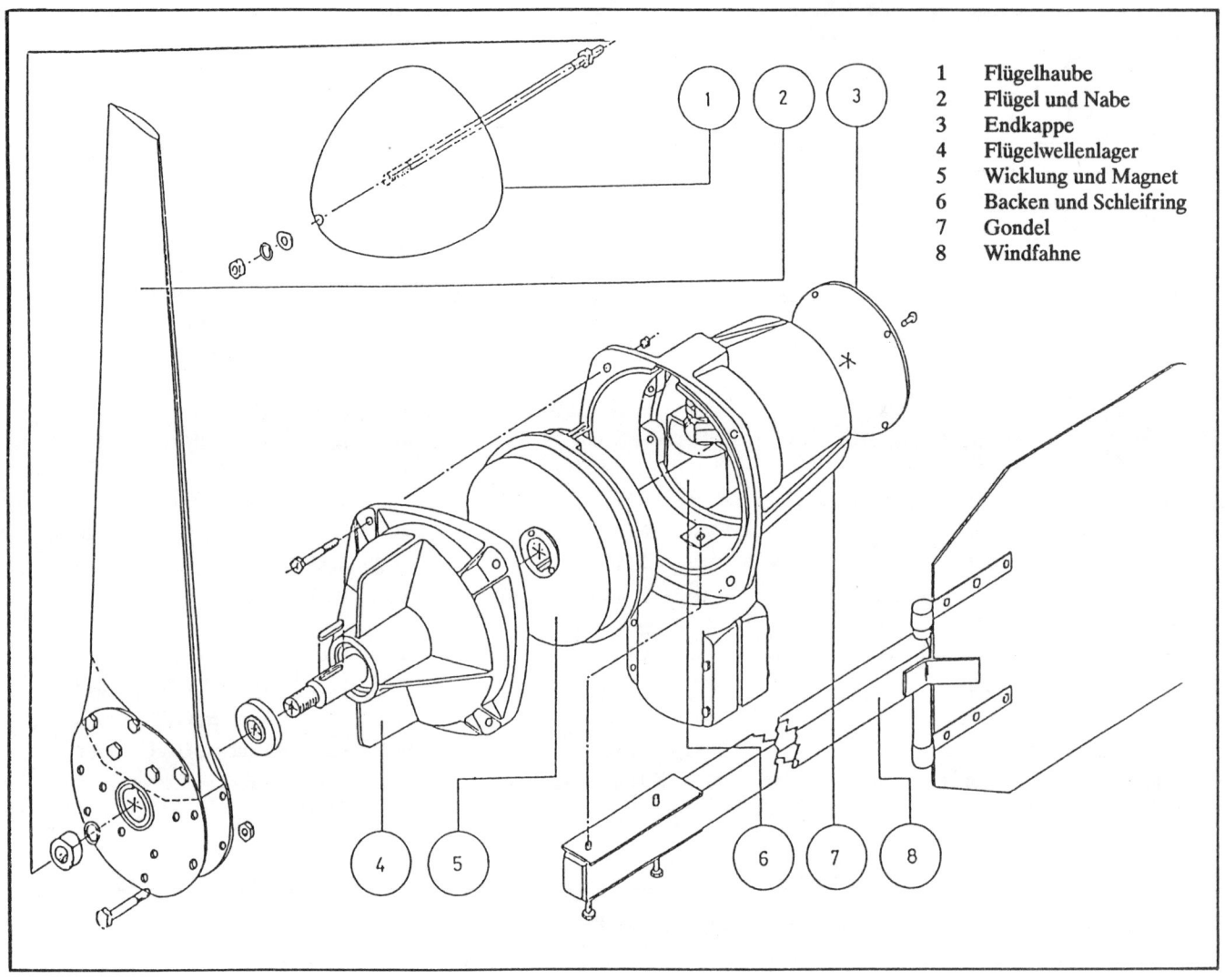

1	Flügelhaube
2	Flügel und Nabe
3	Endkappe
4	Flügelwellenlager
5	Wicklung und Magnet
6	Backen und Schleifring
7	Gondel
8	Windfahne

Abb. 20:
Explosionszeichnung des FM 180. Die Einzelteile sind - ähnlich wie beim WG 910 auch - nicht auf handwerkliche Anfertigung, sondern auf Herstellung in größeren Serien ausgelegt.
Quelle: Firmenunterlagen

Typ	Flügel-zahl	Rotor-durch-messer cm	elektr. Leistung W[1]	Nenn-span-nung V	max. Last-drehzahl U/min	Flügel-material	Gewicht o. Mast kg	Preis incl. DM	Leistungs-preis[4] DM/Watt	Lieferant
Aerogen 25	5	57	9	12		Polyamid verstärkt	4,5	595	66,10	Bielka, Kubatz
Aerogen 3	5	77	50	12 (24)	1.080	Polyamid verstärkt	6	1.275 (1.325)	25,50	Bielka, Kubatz
WG 910	6	91	50	12 (24)	900	Polystyrol	15	980	19,60	Bielka, Conrad, Harbarth
Ampair 100	6	91,5	55	12 (24)		GFK	13	1.825 (1.875)	33,20	Intertrade, Bielka
C.100-12	2	165	100	12 [2]	1.600	Holz+GFK	32	1.850	18,50	Harbarth
B.100-24	2	164	100	24		Polyamid, verstärkt	29	1.690	16,90	Harbarth
Aerogen 5	3	180	120	12 (24)		GFK	17	2.995	24,95	Bielka, Kubatz
LMW 150	3	150	150	12/24	1.300	GFK		2.580	17,20	Dingler, GWU, Krauß
LMW 250	3	170	250	12/24	1.300	GFK		2.700	10,80	Dingler, GWU, Krauß
D.300-24 [3]	3	190	275	24	1.000	Polyamid, verstärkt	40	2.520	9,20	Harbarth
FM 180	3	183	300	12 (24)		GFK	57	3.480	11,60	Bielka, Conrad
LMW 600	2	220	500	12/24	1.000	GFK		3.650	16,60	Dingler, GWU, Krauß
LMW 1000	3	240	700	12/24	900	GFK				Dingler, GWU, Krauß
LMW 1003	3	300	900	12/24	775	GFK		5.850	6,50	Dingler, GWU, Krauß
Solavent W 100	2	100x110	100	12/24	150	Aluminium	40	4.279	42,80	Bracke
Solavent W 300	2	190x185	300	12/24	150	Aluminium	105	7.835	26,10	Bracke

[1] Herstellerangaben, meist bezogen auf 10 m/s Windgeschwindigkeit
[2] Bei Verzicht auf Ausnutzen sehr niedriger Windgeschwindigkeiten können auch 24 V-Batterien geladen werden
[3] Als D.200-12 auch für 12 V, Nennspannung mit ca. 180 W bei 10 m/s lieferbar
[4] Bezogen auf die vom Hersteller angegebene Nennleistung.

Tabelle 3: Technische Daten von kleinen Windkraftanlagen zum Batterieladen

5.2 Vertikalachsrotoren zum Laden von Batterien

In dem hier interessierenden Leistungsbereich wird gegenwärtig nur ein Fabrikat angeboten - »der Solavent«. Dr. Bracke aus Freiburg hat eine Windturbine mit senkrechter Welle entwickelt, die als eine Kombination von Darrieus-Rotor und Savonius-Rotor bezeichnet werden kann. Sie wird zur Zeit in 2 Größen hergestellt und normalerweise mit einem Solargenerator kombiniert (SW-Typen, vgl. Abb. 2). Die Nennleistung von Solar- und Windgenerator zusammen reicht dabei von 150 bis 500 W. Die Windturbine ist jedoch auf Wunsch auch einzeln lieferbar (W-Typen).

Die Rotoren sind aus Aluminiumblech gefertigt mit geklebten und genieteten Verbindungen. Nieten und Schrauben bestehen aus Edelstahl. Die äußeren beiden Flügel sind hohl und haben ein asymmetrisches Auftriebsprofil (Abb. 21 u. 71). Die inneren, schaufelförmig gekrümmten Bleche bewirken leichten Anlauf, Luftumlenkung und Abbremsung bei höheren Drehzahlen (aerodynamische Sturmsicherung). Dr. Bracke hat festgestellt, daß während der Orkane im Februar 1990 die Rotoren unter Last nur maximal 1,6 mal schneller liefen als bei der Nenndrehzahl. Ein großer, viereckiger Aluminiumrahmen dient zur Lagerung des gesamten Rotors und kann gleichzeitig zur Befestigung von Solarmodulen genutzt werden. Die beiden Kugellager sind geschlossen und wartungsfrei. Über einen Zahnriemen wird der permanentmagneterregte Drehstromgenerator mit einem Übersetzungsverhältnis von 1 : 5 oder 1 : 6 angetrieben. Der Brückengleichrichter sitzt im Generatorgehäuse. Neuerdings wird noch eine mechanische Feststellbremse angebaut. Auf Wunsch können die Rotoren auch grün kunststoffbeschichtet werden.

Mitgeliefert wird eine Solavent-Regelstation, die als Zweikanal-Laderegler und gleichzeitig auch als Anzeigegerät dient, um Spannung und Stromstärke aus Solar- und Windgenerator sowie die Restkapazität der Batterie beobachten zu können. Außerdem übernimmt die Regelung eine Tiefentladeschutzfunktion mit Vorrangabschaltung weniger wichtiger Verbraucher und einem Notausgang z.B. für Funkgeräte oder Notbeleuchtung. Die Regel-Station wird

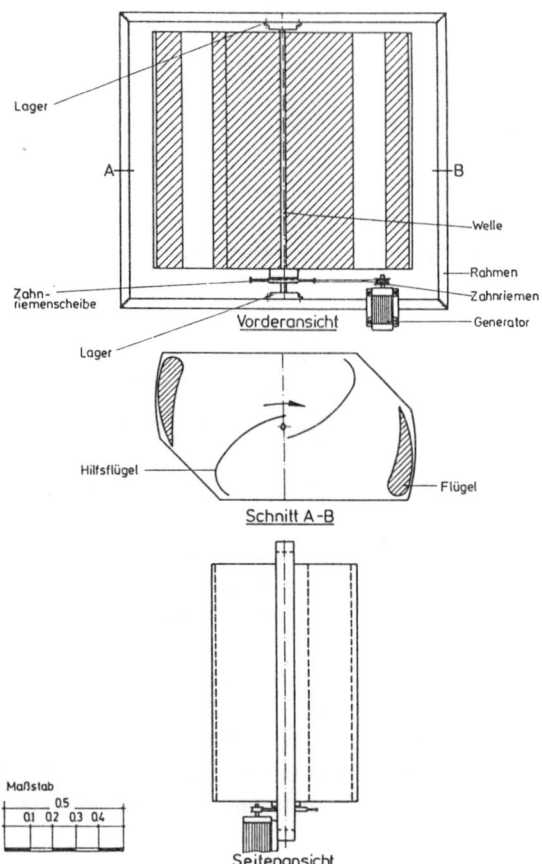

Abb. 21: Der Solavent-Rotor W 100.

in zwei Ausführungen angeboten: die einfachere Basisregelstation für 500 W Gesamtleistung (598 DM) und die komfortablere Hochleistungsregelstation für 1.200 W Gesamtleistung (1.298 DM).

Mit Hilfe des Grundrahmens kann das Gerät auch auf geeigneten Dächern montiert werden, wegen des ruhigen, vibrationsfreien Laufes und der niedrigen Drehzahl von ca. 150 U/min notfalls sogar auf Wohnhäusern.

Die Ausführung W 100 hat einen Rotordurchmesser von 110 cm und eine -höhe von 100 cm. Der Grundrahmen mißt 125 x 145 cm. Die Nennleistung wird mit 100 W bei 12 oder 24 V angegeben. Der Preis beträgt 4.279 DM einschließlich der Basisregelstation. Dieser Rotor läuft bei mir seit August 1990.

Der W 300 hat bei 185 cm Durchmesser eine Höhe von 190 cm und einen Rahmen mit 226 x 225 cm. Die Nennleistung liegt bei 300 W, wahlweise für 12 oder 24 V. Der Preis beträgt 7.835 DM inclusiv Basisregelstation.

Dr. Bracke ist nicht daran interessiert, preislich mit konventionellen Horizontalachs-Windturbinen zu konkurrieren. Er erarbeitet vielmehr komplette Systemlösungen für netzferne Stromverbraucher, in der die Windturbine nur einen Teil darstellt. Deshalb projektiert und liefert er auch stromsparende Verbraucher vor allem für Niedrigenergiehäuser. Mit dem Solavent-System will er eine Marktlücke ausfüllen für Standorte, wo Horizontalachsrotoren wegen hoher Drehzahlen und zu starker Geräuschentwicklungen nicht infrage kommen. Außerdem will er Geräte mit bester Material- und Verarbeitungsqualität liefern, die lange Jahre wartungsfrei laufen und keine Korrosion zeigen.

5.3 Windpumpen

Obwohl diese Schrift vor allem Windgeneratoren zum Batterieladen behandelt, soll die Wasserförderung mit Windenergie doch auch angesprochen werden. Denn ähnlich wie bei der Stromversorgung gibt es in zunehmendem Umfang Gebäude oder Anlagen, die nicht an die öffentliche Wasserversorgung angeschlossen werden können.

Eine Möglichkeit der Wasserförderung besteht sicherlich darin, eine Gleichstrompumpe an die Batterie anzuschliessen, die vom Windgenerator aufgeladen wird (vgl. Abb. 3). Diese Lösung ist vor allem dann sinnvoll, wenn auch für andere Verbraucher Strom benötigt wird, beispielsweise für Beleuchtung und Kleingeräte. Sie hat den Vorteil, daß die Windturbine nicht in Brunnennähe stehen muß. Nachteilig sind natürlich die Wirkungsgradverluste durch die verschiedenen Umwandlungen und die Speicherung (Generator - Batterie - Pumpenmotor), die am Ende 50% und mehr betragen können.

Wenn daher nur Wasser gefördert werden muß und kein Strom benötigt wird, wie z.B. bei der Be- und Entwässerung landwirtschaftlicher Flächen, beim Füllen von Fischteichen, bei der Weidetränkeversorgung oder beim Pumpen von Trinkwasser, kann eine reine Windpumpe ausreichend oder sogar vorteilhaft sein. Ein Wasserspeicher übernimmt dann gegebenenfalls die Funktion der Batterie, um windschwache Zeiten zu überbrücken.

Allerdings ist zu berücksichtigen, daß bei den genannten Anwendungsgebieten oft viel Wasser im Sommer und speziell in windarmen Hitzeperioden benötigt wird - zumindest in unseren Breitengraden. Dann erwächst der Windpumpe eine starke Konkurrenz vom Solargenerator, vor allem im kleinen Leistungsbereich. Nachfolgend sollen einige bei uns angebotene Windpumpen vorgestellt werden. Der Selbstbau von Windpumpen aus gebräuchlichen Materialien wird in der Schrift »Der Savonius-Rotor« (ökobuch Verlag, Staufen) detailliert beschrieben.

Lubing Windkraftpumpe M 015

Die Lubing Windkraftpumpe M 015 zählt zu den bekanntesten und in sehr großen Stückzahlen hergestellten Anlagen dieser Art (Abb. 22). Ich habe schon Anfang der 80 er Jahre erste Erfahrungen damit sammeln können. Es handelt sich um einen Leeläufer mit 1,5 m Rotordurchmesser. Er hat entweder 4 (M 015-4), oder 6 (M 015-6) Flügel aus schlagzähem Polystyrol-Spritzguß. Das schaufelförmige Profil ist für niedrige Drehzahlen und hohe Drehmomente optimiert und durch Wirbelbildung bei Windgeschwindigkeiten über 8 m/s gegen Überdrehzahlen gesichert. Mit eingearbeiteten, verzinkten Flachstahlprofilen werden die Flügel an einer Nabe aus Alu-Druckguß verschraubt. Im drehbar gelagerten Rotorkopf sitzt ein Exzenter, der eine Hubstange hin- und herbewegt, mit der die Kolbenpumpe betä-

tigt wird. Diese Hubstange läuft im Inneren des verzinkten, mit 3 Seilen abgespannten Rohrmastes mit 60 mm Durchmesser, der gleichzeitig als oben offener Druckspeicher arbeitet. Die maximale Förderhöhe hängt daher von der Masthöhe (3 oder 6 m) ab. Bei 3 m Masthöhe werden maximal 2 m Förderhöhe erreicht, beim 6 m Mast maximal 5 m.

Es werden 3 Arten von Pumpen angeboten:

• *Kolbensaugpumpe* (für Turbinen mit 4 und 6 Blättern). Sie kann direkt über oder neben dem Brunnen installiert werden und 7 m Saughöhe überwinden (Abb. 23). Als maximale Förderleistung werden 440 l/h bei 9 m Gesamtförderhöhe und 8 m/s Windgeschwindigkeit für den 4-Flügler angegeben, für den 6-Flügler maximal 600 l/h. Die Wasserförderung beginnt bei ca. 3 m/s Windgeschwindigkeit. Mit diesem Typ konnten Messungen zur täglichen Fördermenge über einen längeren Zeitraum auf der Schafweide (Abb. 22) durchgeführt werden. Die Ergebnisse sind in Abb. 24 zusammengestellt.

• *Tiefbrunnenkolbenpumpe* (Abb. 23, Detail rechts). Sie wird nur für 6-flüglige Turbinen geliefert und kann nur direkt über Brunnen installiert werden, die mindestens 80 mm Innendurchmesser haben. Hier sitzt nämlich die Kolbenpumpe nicht über dem Erdboden, sondern im bis zu 15 m tiefen Brunnenschacht. Bei 6 m Masthöhe beträgt dann die maximale Gesamtförderhöhe ca. 20 m.

Abb. 22:
Lubing-Windpumpe M 015 zur Wasserförderung bei einer Schafhaltung.

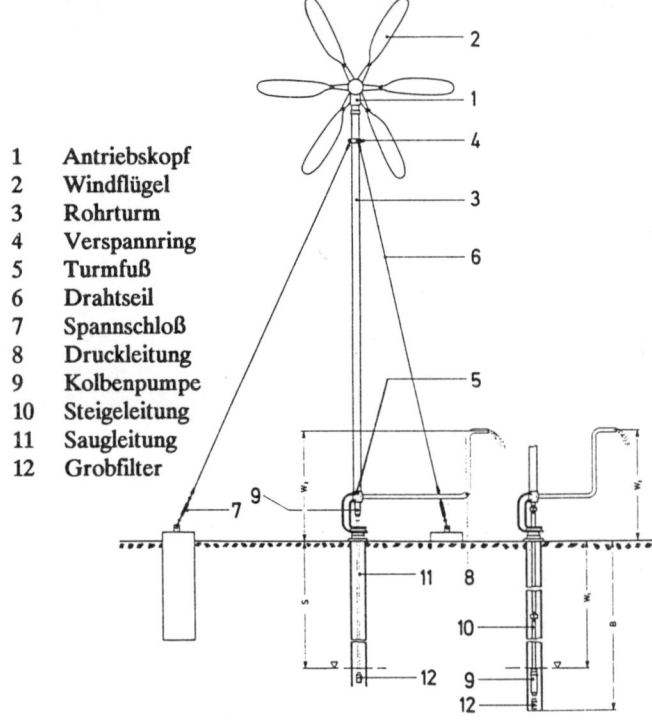

1 Antriebskopf
2 Windflügel
3 Rohrturm
4 Verspannring
5 Turmfuß
6 Drahtseil
7 Spannschloß
8 Druckleitung
9 Kolbenpumpe
10 Steigeleitung
11 Saugleitung
12 Grobfilter

Abb. 23:
Lubing Windpumpe M 015 mit Kolbensaug- und Tiefbrunnenkolbenpumpe (Detail rechts). Zeichnung: Fa. Lubing, Barnstorf

Produktübersicht käuflicher Anlagen 31

Als höchste Förderleistung wird ein Wert von 320 l/h bei 8 m/s Windgeschwindigkeit angegeben.

- Neuerdings baut Lubing auch einen Typ *mit Kreiselpumpe* zur Förderung sehr großer Wassermengen: MK 015-6. Die im Wasser stehende Kreiselpumpe wird über ein Kegelgetriebe im Rotorkopf und eine Welle im Mastrohr mit einem Zahnriemen angetrieben. Die maximale Förderhöhe liegt bei 1,5 m. Bei 1 m Förderhöhe und 8 m/s Windgeschwindigkeit werden 40 m³/h Förderleistung angegeben. Diese Pumpe ist vor allem für die Be- und Entwässerung von landwirtschaftlichen Flächen und zur Fischteichumwälzung gedacht. Mit einem 3 m hohen Mast kostet die Anlage derzeit 6.770 DM.

Die Lubing Kolbenwindpumpen sind wegen der Massenfertigung recht preiswert. Beispielsweise kostet die Windkraftpumpe M 015-4 mit 3 m hohem Mast komplett mit Pumpe aber ohne Seilabspannung 933 DM, die M 015-6 kostet 1.396 DM. Der Preis für die M 015-6 mit Tiefbrunnenpumpe für 15 m Brunnentiefe liegt bei 2.342 DM. Neben den Windpumpen baut Lubing auch noch Windkraft-Teichbelüfter mit Kolbenkompressor und schwimmendem Ausströmer.

Landtechnischer Anlagenbau Cottbus

Der Landtechnische Anlagenbau Cottbus stellt u.a. Windkraftanlagen mit Tiefbrunnen-Kolbenpumpen her, die in der ostdeutschen Landwirtschaft zur Tränkewasserversorgung auf großen Rinderweiden eingesetzt werden (Abb. 25). Es sind vielblättrige Horizontalachsturbinen, wie sie bei uns auch als »Windrose« bzw. »Westernrad« bekannt sind.

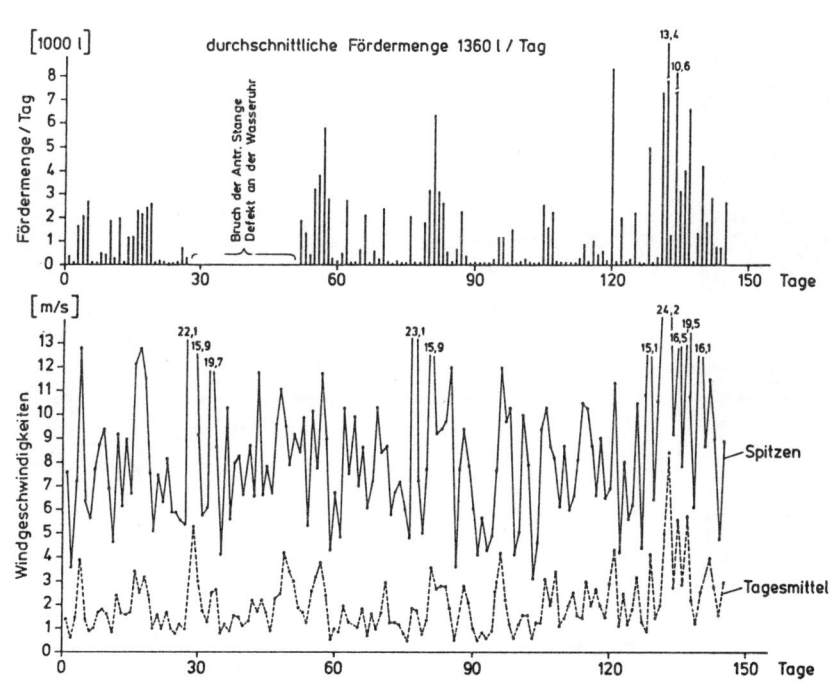

Abb. 24:
Tägliche Fördermenge einer Windpumpe (Lubing M015; 6-flügelig; Rotordurchmesser 1,5 m, Kolbenpumpe) bei der Wasserversorgung einer Weidetränke.
2 m Förderhöhe, 5 m Förderweg.
Standort: Betrieb Deuringer, Bobingen bei Augsburg;
Zeitraum: 1. Juni bis 25. Oktober 1981
Winddaten: Deutsches Wetteramt, München

Der Rotor des Typs WiKA-4/18-WK hat 18 Schaufeln aus verzinktem Stahlblech und einen Durchmesser von 4 m. An der Rotorwelle sitzt ein Kurbelantrieb mit einem Hubgestänge zum Antrieb der Kolbenpumpe. Der 9 m hohe Stahlprofil-Gittermast ist freitragend (ohne Seilabspannung). Die Anlage kann Windgeschwindigkeiten zwischen 2,5 und 10 m/s nutzen. Windradnachführung, Leistungsregelung und Sturmsicherung erfolgen mechanisch nach altbewährten Prinzipien. Die maximale Förderhöhe liegt bei 25 m. Als mittlere Fördermenge werden 12 bis 18 m³/d angegeben. Preise sind beim Hersteller (siehe Lieferantenverzeichnis) zu erfragen.

Molzan Windpumpen

Molzan Windpumpen werden in 10 verschiedenen Modellen für Förderleistungen von 500 bis 100.000 l/h hergestellt. Die Flügelkreisdurchmesser liegen zwischen 1,27 und 3,20 m. Die Rotoren haben 4, 6 oder 12 schaufelförmige Flügel aus verzinktem Stahlblech, gegen Aufpreis auch aus Nirostablech. Alle Anlagen arbeiten als Luvläufer mit Windfahne. Typisch für die Molzan-Pumpen ist der freistehende, verzinkte Gittermast mit 3 oder 4 Ständern. Die Masthöhe reicht bis 6 m, zusätzlich gibt es noch 3 m lange Mastverlängerungen mit und ohne Seilabspannung. Die kleinste Anlage wird mit Kolbenpumpe oder bei tiefen Wasserständen auch mit Stempelpumpe ausgerüstet. Für die mittleren Fördermengen werden doppeltwirkende Membranpumpen (1.000 bis 10.000 l/h) und für sehr hohe Leistungen Kreiselpumpen (5.000 - 100.000 l/h) eingesetzt. Die Preise (Stand August '90) liegen zwischen 1.254 und 12.061 DM.

Eggenberger-Windpumpen

Karl Eggenberger in Kurzeichet baut in seinem aluminiumverarbeitenden Betrieb in Einzelanfertigung 18-blättrige Windpumpen mit bis zu 4,5 m Durchmesser, wobei die schaufelförmigen Blätter aus Alublech gepreßt sind. Die Anlagen werden komplett mit Gittermast geliefert und von

der Firma montiert. Bei größeren Förderhöhen kommt eine Kolbenpumpe zum Einsatz, bei geringeren die vom Verfasser entwickelten Reifenpumpe (vgl. »Der Savonius Rotor«, Seite 24 ff.).
Bisher wurden 13 Anlagen geliefert. Preisangebote werden für jeden Anwendungsfall individuell ausgearbeitet.

Abb. 25:
Windpumpe der Fa. Landtechnischer Anlagenbau Cottbus zur Versorgung von Weidetränken.
Quelle: Landtechnischer Anlagenbau Cottbus

6. Erfahrungen und Meßergebnisse

6.1 Meßverfahren

Windkraftanlagen im Freien zu testen, ist eine heikle Angelegenheit. Die ständig wechselnden Windgeschwindigkeiten und -richtungen, sowie durch Rotor- und Generatormassen bedingte Speichereffekte, unterschiedliche Batteriespannungen und weitere Einflüsse machen das Messen schwer. Da habe ich mir manchmal einen Windkanal mit einstellbar konstanten Windverhältnissen gewünscht. Andererseits lassen sich die dort erzielbaren Ergebnisse leider nicht direkt auf die Praxis übertragen, was wiederum für die Messungen und Tests unter praxisähnlichen Bedingungen spricht.

Nun hatte ich für das Projekt »Kleine Windkraftanlagen« zwar keine staatlichen Forschungsmittel verfügbar, um eine aufwendige Meßtechnik zu installieren, dafür waren die örtlichen Verhältnisse auf meinem Bauernhof günstig. Eine weitgehend freie Lage in 500 m Höhe, ausreichend Platz, große Batteriesätze mit fast beliebig einstellbarer Spannung, eine zwar schlecht aufgeräumte, aber gut ausgerüstete Werkstatt, Schlepper mit Frontlader zum Aufrichten von Masten, das alles sind schon gute Voraussetzungen.

Nicht unerwähnt bleiben sollen in diesem Zusammenhang die verständnisvollen Nachbarn und meine Frau, die immer wieder Einsicht dafür aufbringen mußte, daß sich nicht nur auf unserem Hof, sondern auch in meinem Kopf zahlreiche und nicht immer ausgereifte Windräder drehen. Denn gerade zur Beurteilung des Anlauf- und Sturmverhaltens ist es von großem Vorteil, daß ich die Anlagen fast ständig sehen und hören kann, wenn ich zu Hause bin: nicht nur vom Wohn- und Schlafzimmer aus, sondern auch vom Schleppersitz oder beim Umgang mit den Pferden und Schafen.

Bei der Erprobung der Anlagen hat mir auch die Zusammenarbeit mit Firmen und Bastlern viel geholfen, ebenso die Hilfsbereitschaft von Mitarbeitern, Diplomanden und Praktikanten der Landtechnik Weihenstephan.

Weil mancher Leser das eigene Windrad vielleicht selber einmal testen will, möchte ich zunächst auf das Meßverfahren etwas ausführlicher eingehen. Grundsätzlich sind für die Messung der Leistungsdaten von Windkraftanlagen zwei Wege möglich: die Messung »von Hand«, d.h. die Erfassung der wichtigsten Meßgrößen mit einfachen, abzulesenden Instrumenten, oder die Messung mittels elektronischer Datenerfassung und -verarbeitung. Bei diesem Projekt habe ich - nicht zuletzt mangels eines größeren Forschungsetats und auch aus Zeitgründen - die meisten Messungen selbst von Hand vorgenommen, was bei einiger Erfahrung zu durchaus sicheren Ergebnissen führt.

Vor den Messungen an der Windkraftanlage sollte zunächst der Generator allein durchgemessen werden, um Aufschluß über dessen Eigenschaften zu erhalten. Dazu wird die Generatorwelle mit einer Ständerbohrmaschine oder Drehbank angetrieben und die Leerlaufspannung sowie der Kurzschlußstrom bei verschiedenen Drehzahlen (100 bis 1000 U/min) und bei möglichst handwarmem Generator gemessen. Anschließend wird der Generator unter verschiedenen Belastungen betrieben, die z.B. mittels Schiebewiderstand oder einer Batterie mit variabler Zellenzahl eingestellt werden. Gemessen werden jeweils Spannung, Strom und Generatordrehzahl, so daß zwei Multimeter und ein Drehzahlmesser als Meßgeräte ausreichen (vgl. »Schulz: Der Savonius-Rotor.« S. 31 - 41, ökobuch Verlag). Auch bei dieser Messung sollte die Generatortemperatur einigermaßen konstant sein, da ein kalter oder zu heißer Generator die Streuung der Meßpunkte vergrößert.

Aus diesen Meßwerten läßt sich die Leistung des Generators als Funktion von Drehzahl und Spannung ermitteln und in Form von sogenannten Leistungskurven in einem Diagramm darstellen. Weiterhin ließe sich mit einfachen Mitteln auch noch der Wirkungsgrad und das Anlaufmoment messen, aber dazu fehlte bisher die Zeit.

Für exakte Messungen und Beobachtungen an der installierten Windkraftanlage wird zusätzlich noch ein Windgeschwindigkeitsmesser benötigt (vgl. Kapitel 8.7). Bis vor kurzem habe ich vorwiegend mit den üblichen Schalenkreuzanemometern mit Tachogenerator und Instrumentenanzeige gearbeitet. Sie haben den Vorteil, daß die Windgeschwindigkeit unmittelbar in m/s angezeigt wird. Nachteilig ist allerdings, daß nur ein einziger Meßbereich von 1 bis 30 m/s zur Verfügung steht, wodurch die Auflösung, d.h. die Ablesegenauigkeit, vor allem im wichtigen unteren Bereich bis etwa 10 m/s leidet. Ich arbeite daher jetzt mit Anemometern der Firma Lambrecht (Typ 1457 S2, vgl. Abb. 58), für die es eine ganz exakte Eichkurve gibt. Die erzeugten Gleichspannungen von 0 - 2 V werden mit einem Analog-Multimeter angezeigt, das weniger träge ist, als die Digitalinstrumente. Je nach Windgeschwindigkeit kann ich jetzt auf 3 Meßbereiche umschalten und wesentlich genauer ablesen.

Das Anemometer sollte möglichst in Nabenhöhe der Windturbine stehen, und zwar nicht vor oder hinter der Turbine, sondern seitlich davon mit einem Abstand, der etwa dem Rotordurchmesser entspricht.

Für die Messungen an den Windkraftanlagen suchte ich Tage mit möglichst gleichmäßiger Windrichtung aus, wobei zur Darstellung der Leistungskennlinie 3 typische Windverhältnisse gebraucht werden:

- Schwachwind mit 0,5 bis 4 m/s, um das Anlaufverhalten und den Beginn der Stromerzeugung zu beobachten;

- mittlerer Wind von 4 bis 10 m/s für den wichtigsten Teil der Leistungskurve;

- starker Wind bis Sturm von 10 bis 25 m/s, um das Abregeln zu beobachten.

Neben dem Windgeschwindigkeitsmesser wird ein Voltmeter für die Batteriespannung und ein Multimeter mit mehreren Meßbereichen für die Ladestromstärke, möglichst bis 20 A, benötigt. Die etwas schwierigere Messung der Rotordrehzahl erübrigt sich, wenn - wie oben beschrieben - die

Generatorkennlinien aufgenommen wurde, weil sich dann aus dem Leistungsdiagramm die Drehzahl hinreichend genau ermitteln läßt.

In der Praxis ist es für einen Ungeübten zunächst gar nicht so leicht, von den 3 Instrumenten brauchbare Meßwerte abzulesen und aufzuschreiben. Die Zeiger oder Ziffern auf den Meßgeräten sind ständig in Bewegung, auch bei vermeintlich gleichmäßigem Wind. Würde nun der Ablesezeitpunkt dem Zufall überlassen oder beispielsweise alle 10 Sekunden wahllos abgelesen werden, wäre eine Unzahl von Meßwerten und ein geeignetes Auswertungsprogramm erforderlich, weil die Streuung, also die Abweichung der Meßwerte vom Mittelwert außerordentlich groß wäre. Dies liegt vor allem daran, daß das Anemometer viel schneller auf Windgeschwindigkeitsänderungen reagiert, als der trägere Rotor. Außerdem wirken sich schon kleine Änderungen der Windgeschwindigkeit sehr stark auf die Ladestromstärke aus, weil diese ja - bis zur Abregelung bei Sturm - ungefähr mit der dritten Potenz der Windgeschwindigkeit steigt.

Um allzu stark streuende Meßwerte zu vermeiden, hilft nur ein Trick: ausgestattet mit etwas Geduld werden nur dann Meßwerte abgelesen und notiert, wenn der ständig auf- und absteigende Zeiger des Windgeschwindigkeitsmessers wenigstens für 2 bis 3 Sekunden auf einem Höhe- oder Tiefpunkt verharrt. Außerdem ist dafür zu sorgen, daß am Ende genügend Meßpunkte verteilt über den ganzen Windgeschwindigkeitsbereich vorliegen. Die gemessenen Werte werden auf Millimeterpapier grafisch dargestellt, wobei üblicherweise die Ladestromstärke oder die Leistung (auf der y-Achse) als Funktion der Windgeschwindigkeit (auf der x-Achse) aufgetragen wird. Die grafische Darstellung offenbart auch, ob die Meßpunkte eine Kurve mit gleichmäßigem Verlauf ergeben, oder ob an einzelnen Stellen noch sichere Meßwerte fehlen, die nachzuholen sind.

Im folgenden sind nun für die Anlagen, mit denen ich bisher zu tun hatte, die Meßergebnisse und praktischen Betriebserfahrungen zusammengestellt.

6.2 Der Rutland WG 910

Der Generator dieser Anlage konnte auf dem Prüfstand vermessen werden. Leerlaufspannung und Kurzschlußstrom verlaufen im untersuchten Drehzahlbereich linear (Abb. 26). Es ist jedoch anzunehmen, daß der Kurzschlußstrom bei weiterer Drehzahlerhöhung nicht mehr ansteigt, wenn die magnetische Sättigung erreicht ist. Eine für 12 Volt-Batterien ausreichende Ladespannung wird ab 200 U/min erzeugt.

In Abb. 27 ist die Ladestromstärke bei verschiedenen Drehzahlen und Spannungen dargestellt. Die Multiplikation von Stromstärke und Spannung bei den einzelnen Drehzahlen ergibt die zugehörige Generatorleistung, deren Verlauf - bei verschiedenen Drehzahlen - in Abb. 28 dargestellt ist. Aus diesen Kennlinien wird deutlich, daß es für jede Drehzahl eine bestimmte Ausgangsspannung - bzw. einen Spannungsbereich - gibt, bei der der Generator seine optimale Leistung abgibt, was im übrigen charakteristisch für alle ungeregelten Gleichstrom-Maschinen ist.

Die Nennleistung dieses Generators von 50 W wird bei 710 U/min erreicht. Noch höhere Drehzahlen erfordern zur optimalen Leistungsausbeute höhere Batteriespannungen bis 24 V.

Beim Betrieb der Anlage im freien Wind zeigte sich, daß der Rotor schon bei Windgeschwindigkeiten von 0,25 bis 0,3 m/s anläuft. Um diese überhaupt messen zu können, mußte ein extrem leichtgängiges und großes Anemometer eingesetzt werden, da die üblichen erst bei 1 m/s anlaufen. Der Grund für den extrem leichten Anlauf dieser Anlage liegt darin, daß der Generator trotz der starken Scheibenmagnete praktisch keine Polfühligkeit (Ribbelmoment bzw. Magnetkleben) aufweist und die 6 breiten Flügel dem Wind obendrein eine große Angriffsfläche bieten. Von allen Windkraftanlagen, die ich kenne, läuft nur der dreiflügelige Durchströmrotor (vgl. »Schulz: Der Savoniusrotor«) noch etwas leichter an.

Messungen der Leerlaufspannung sind in Abb. 29 dargestellt. Es zeigt sich, daß diese Turbine schon bei extrem niedrigen Windgeschwindigkeiten unter 1 m/s Spannungen von 3 - 4 V erzeugt, die in Notsituationen beispielsweise zum Laden von NiCd-Monozellen für Radio und Funkgerät genutzt werden könnten. Ab 2 m/s Windgeschwindigkeit fließt ein Ladestrom in leere 12 V-Batterien und ab 2,8 m/s wird die Ladeschlußspannung von 14,2 V erreicht.

Die Ladestromstärke in Abhängigkeit von der Windgeschwindigkeit ist in Abb. 30 aufgetragen. So fließt z.B. beim Laden einer NiCd-Batterie mit 15 V Ladespannung bei 2,8 m/s ein Strom von etwa 0,25 A, der bei 10 m/s Windgeschwindigkeit auf 2,2 A ansteigt. Die Generatornennleistung von 50 W (Ladestrom 3,3 A) wird bei der hier geforderten Ladespannung von 15 V bei 12 m/s erreicht. Laut Abbildung 28 dreht der Rotor dabei mit ca. 700 U/min. Bei 10 m/s leistet die Anlage nach meinen Messungen etwa 33 W; bei 15 m/s konnte ich 5,5 A messen, was einer Leistung von 83 W entspricht. Wird die Anlage bei Sturm an eine 24 V-Batterie geschaltet, können maximal etwa 120 W erzeugt werden, ohne daß eine Überlastung des Generators befürchtet werden muß.

Mit dem Prototyp eines von Conrad Elektronik entwickelten Amperestundenzählers, der inzwischen zum Preis von ca. 80 DM als Bausatz angeboten wird, konnte ich ab Mitte März '89 den täglichen Ladestrom der Windturbine messen und mit den Windgeschwindigkeitsaufzeichnungen unserer zwar ca. 10 km entfernten, aber vom Gelände her vergleichbaren Solartrockner-Meßstation Hohenbachern kombinieren (Abb. 31). Es zeigte sich, daß bis Ende Oktober nur an einem einzigen Tag, nämlich dem 22.9.1989 überhaupt kein Strom geliefert wurde. In der übrigen Zeit kamen Strommengen zwischen 0,1 Ah/Tag minimal und 33,4 Ah/Tag maximal in die Batterie. Der Gesamtertrag lag in diesen 7 $\frac{1}{2}$ Monaten bei 766 Ah. Leider konnte ich die Messungen während der windreichen Winterperiode 89/90 nicht weiterführen, aber ich bin sicher, daß der Ertrag für das ganze Jahr mindestens bei 1.500 Ah liegen dürfte.

Diese Ergebnisse beweisen, daß es auch in Gegenden mit relativ niedrigen mittleren Windgeschwindigkeiten durchaus möglich ist, mit Windenergie Batterien zu laden. Voraussetzung ist eben eine leichtlaufende Anlage mit einem guten Permanentmagnet-Generator.

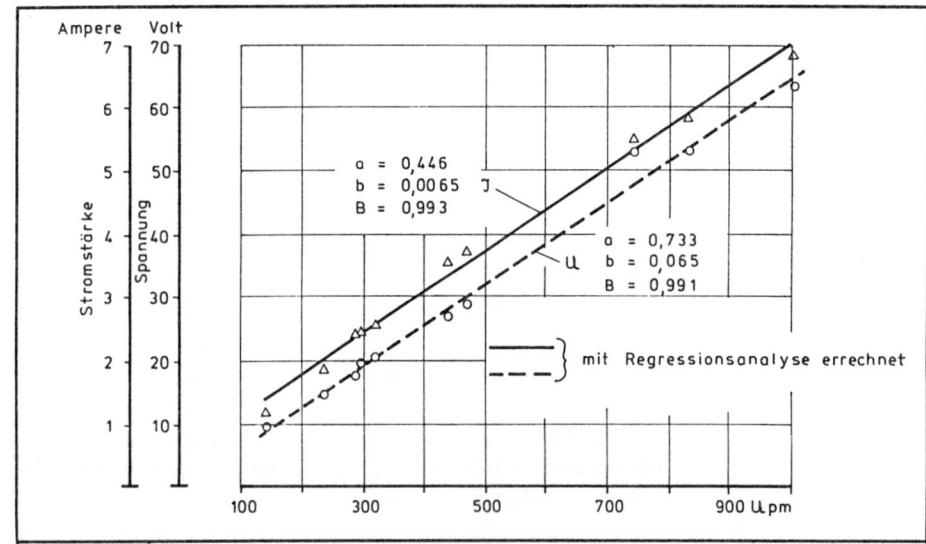

Abb. 26:
Leerlaufspannung und Kurzschlußstrom des permanentmagneterregten Wechselstromgenerators mit Brückengleichrichter der 6-flügeligen Rutland-Windturbine WG 910.

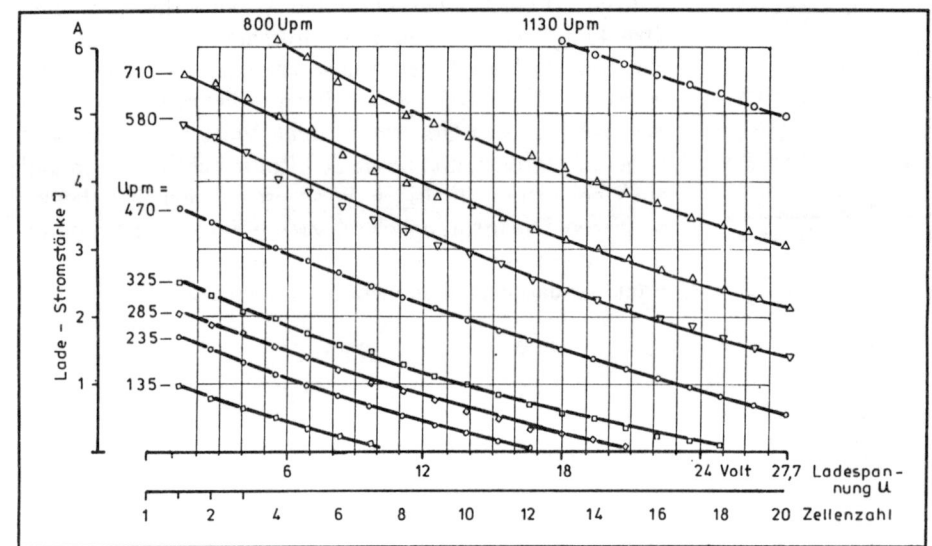

Abb. 27:
Ladestromstärke und Ladespannung des permanentmagneterregten Wechselstromgenerators mit Brückengleichrichter der 6-flügeligen Rutland-Windturbine WG 910 beim Laden einer Nickel-Cadmium-Batterie mit 30 Ah Kapazität bei verschiedenen Drehzahlen und Zellenzahlen.

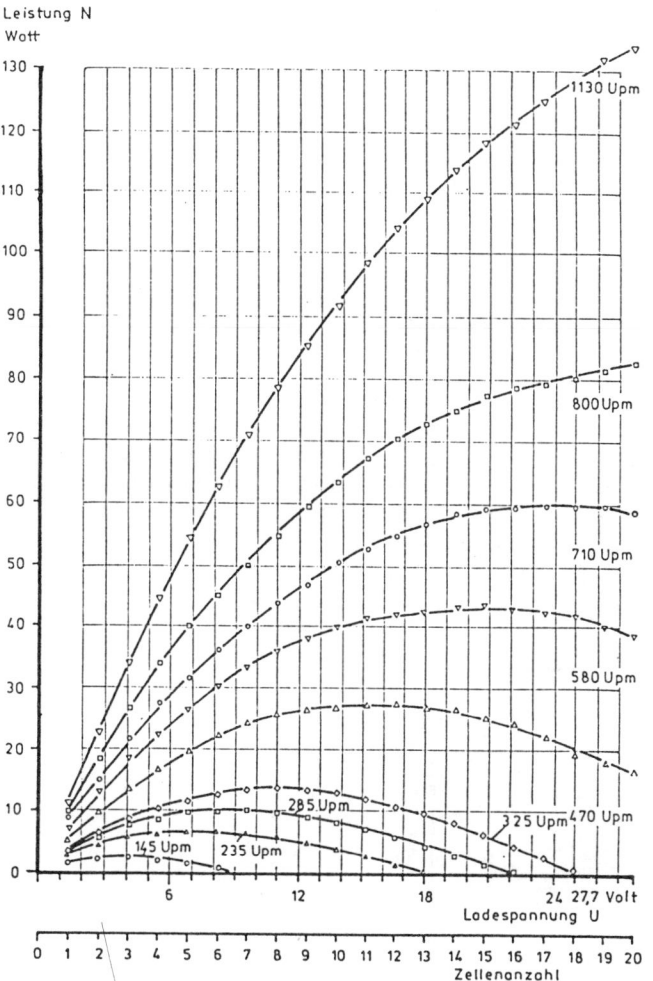

Abb. 28:
Leistung des permanentmagneterregten Wechselstromgenerators mit Brückengleichrichter der Rutland-Windturbine WG 910 beim Laden einer Nickel-Cadmium-Batterie mit 30 Ah Kapazität bei verschiedenen Drehzahlen und Zellenzahlen.

Obwohl diese kleine Windkraftanlage so erstaunliche Leistungen vollbringt, dürfen natürlich keine überhöhten Anforderungen an sie gestellt werden. So würde der Versuch, eine sichere Stromversorgung etwa für ein Niedrigenergiehaus damit aufzubauen, sicherlich scheitern. Hierfür sind wesentlich größere Windturbinen erforderlich, möglichst in Kombination mit Solargeneratoren.

Die Anlage hat bis Anfang Februar 1990 störungs- und wartungsfrei gearbeitet und dabei auch zahlreiche Stürme und schwere Stürme überstanden. Bei einem orkanartigen Sturm - es war noch vor den echten Orkanen »Vivian« und »Wiebke« - flogen dann wegen der bereits erwähnten unzureichenden Befestigung durch nur 6 anstelle der vorgesehenen 12 Schrauben alle Flügel davon; ich brauchte Wochen, um sie in bis zu 200 m Entfernung wiederzufinden. Dies ist jedoch grundsätzlich nicht der Turbine anzulasten, vielmehr hätte ich die Zahl der Schrauben besser kontrollieren und die fehlenden nachbestellen müssen.

Die Turbine läuft sehr geräusch- und vibrationsarm, obwohl wegen des geringen Durchmessers relativ hohe Drehzahlen auftreten. Lediglich bei sehr hohen Windgeschwindigkeiten über 12 m/s wird ein deutliches Brummen vernehmbar.

Einziger Nachteil dieser Anlage ist meines Erachtens die etwas zu klein geratene Windfahne, die zudem noch im Windschatten des Generators steht. Wäre sie länger oder höher angeordnet, könnte sie den Rotor stabiler führen und auch bei extrem niedrigen Windgeschwindigkeiten besser reagieren. Die ursprünglich schwarzen Flügel wurden durch Sonneneinstrahlung im Laufe der Zeit hellgrau, was aber Funktion und Festigkeit nicht beeinträchtigte.

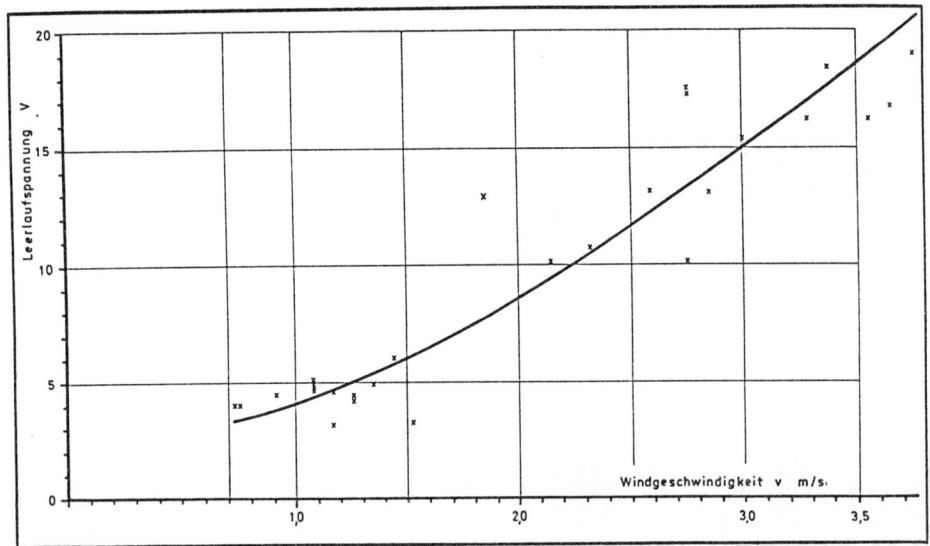

Abb. 29:
Leerlaufspannung in Abhängigkeit von der Windgeschwindigkeit beim 6-flügeligen Rutland-Windgenerator WG 910.

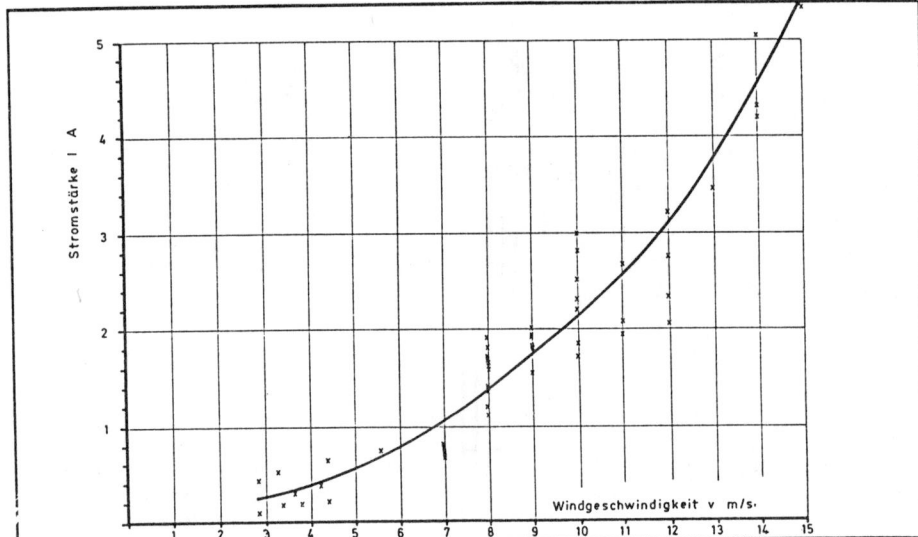

Abb. 30:
Ladestromstärke in Abhängigkeit von der Windgeschwindigkeit beim 6-flügeligen Rutland-Windgenerator WG 910 beim Laden einer NiCd-Batterie mit 240 Ah Kapazität und ca. 15 V Ladespannung.

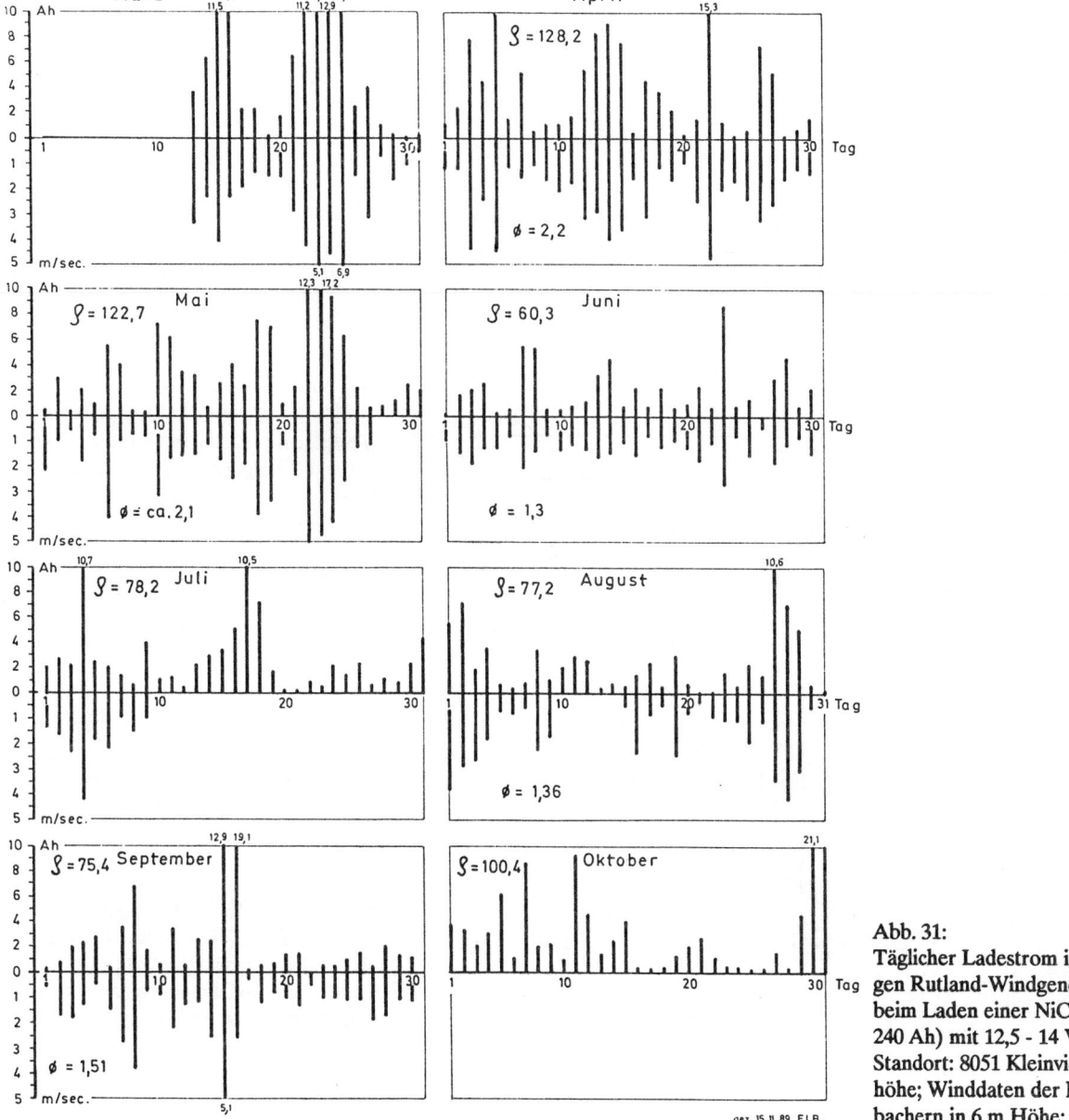

Abb. 31:
Täglicher Ladestrom in Ah des 6-flügeligen Rutland-Windgenerators WG 910 beim Laden einer NiCd-Batterie (12 V, 240 Ah) mit 12,5 - 14 V-Ladespannung. Standort: 8051 Kleinviecht, 12 m Nabenhöhe; Winddaten der Meßstation Hohenbachern in 6 m Höhe: Tagesmittel in m/s.

gez. 15.11.89 ELB.

6.3 Der »Chinagenerator« C.100 - 12

Über den Generator dieser Anlage liegen ausreichende Meßwerte von Herrn Harbarth vor (Abb. 32). Ich habe mir daher eigene Messungen zur Ermittlung der Generatorkennlinien erspart.

Für einen Zweiflügler läuft diese Anlage überraschend leicht an (ab 1,6 m/s), wenn auch nicht ganz so gut, wie der zuvor beschriebene WG 910, andererseits aber besser als der FM 180 und der D.300-24. Die Chinesen haben offenbar ein sehr günstiges, leicht verwundenes und tiefes (breites), aber dennoch schnelläufiges Flügelprofil gefunden und auch den Generator fast ohne Polfühligkeit (Ribbelmoment) gefertigt. Durch die Beschaltung des Generators mit einem Kondensator (vgl. Produktbeschreibung in Kapitel 5) liefert dieser bereits bei 1,8 m/s Windgeschwindigkeit etwa 0,1 A Ladestrom in eine leere Batterie (Ladespannung 12 V). Der Spitzenstrom von 5 A (bei 15 V) wird bei

17 m/s und 1.500 U/min erreicht. Dann beginnt auch die Sturmsicherung einzusetzen (Abb. 32a). Bei 10 m/s liefert die Anlage 4 A, das entspricht einer Leistung von 60 W. Die Nennleistung von 100 W wird demnach bei der Kondensatorausführung nicht erreicht, was nach den Kennlinien in Abb. 32 auch zu erwarten war.

Diesen Kennlinien zufolge ließe sich die Energieerzeugung der Turbine optimieren, wenn der Generator im niedrigen Windgeschwindigkeitsbereich bis 450 U/min bzw. 3 A Ladestromstärke mit Kondensator und im oberen Bereich ohne Kondensator betrieben würde. Für versierte Elektronik-Bastler dürfte eine automatische Schaltung hierfür kein Problem darstellen.

Diese Anlage lief bisher absolut störungsfrei, einmal abgesehen davon, daß eine kranke Taube bei Sturm in den Rotor getrieben und auf der Stelle getötet wurde. Dabei wurde

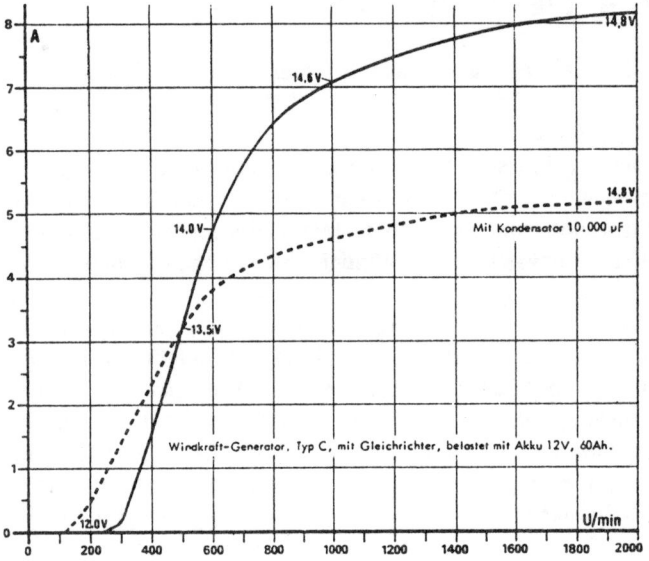

Abb. 32:
Ladestromkennlinien des 12 Volt-Drehstromgenerators Typ C beim Laden einer Blei-Batterie mit 60 Ah Kapazität.
Quelle: Prospekt der Fa. Harbarth

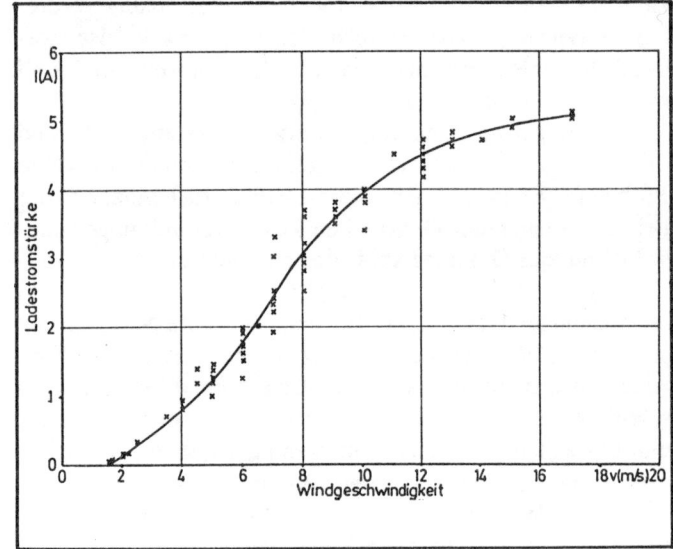

Abb. 32a:
Ladestromstärke der Windkraftanlage C.100-12 (Kondensatorausführung) von Harbarth/Mühlingen in Abhängigkeit von der Windgeschwindigkeit v bei 12 - 15 V Ladespannung.

die Nase einer Flügelspitze beschädigt, was mit Polyesterspachtel jedoch leicht zu reparieren war.

Der Rotor läuft so schnell, daß die Flügel bei höheren Windgeschwindigkeiten nicht mehr wahrzunehmen sind. Ab etwa 6 bis 8 m/s Windgeschwindigkeit wird ein deutliches, für die Ohren eines Windenergiefreundes aber eher angenehmes Geräusch in Form eines rhythmischen Zischens hörbar.

Wie alle Zweiflügler zeigt auch diese Anlage bei plötzlichen Windrichtungsänderungen kreiselkraftbedingte Erschütterungen. Wer einmal mit dem Rad eines Fahrrads Experimente gemacht und versucht hat, die Achse des drehenden Rades aus der ursprünglichen Richtung zu schwenken, wird den Effekt kennen: wenn der drehende Rotor von der Windfahne schnell in eine andere Richtung geschwenkt werden soll, setzt er der Steuerbewegung einen starken Widerstand entgegen. Beim Zweiflügler ist dieser Widerstand gleich Null, wenn die Flügel in senkrechter Stellung sind, und am höchsten, wenn sie waagrecht stehen. Dadurch kann die Windfahne den Rotor nicht gleichmäßig verdrehen, sondern je nach Rotordrehzahl nur ruckweise, was deutlich als Rattern zu hören ist. Bei Rotoren mit 3 und mehr Flügeln tritt dieser Effekt nicht auf.

Da die Flügel des Chinagenerators aber relativ leicht und die anderen Teile recht stabil sind, resultieren daraus keine Probleme. Es ist nur gut, diesen Effekt zu kennen, damit bei entsprechenden Geräuschen keine Befürchtungen hinsichtlich eines Defektes am Rotor aufkommen.

Günstig ist die große Windfahne, die zusammen mit dem leichtgängigen Azimutlager für eine sehr gute Nachführung sorgt. Auch die Eklipsenregelung funktioniert einwandfrei. Allerdings sollte der Gelenkbolzen einmal im Jahr geschmiert werden, um dem Festrosten vorzubeugen. Wie oft ein Entdrillen des Kabels notwendig ist, hängt natürlich sehr stark von den örtlichen Windrichtungswechseln ab. Wenn der Wind im Jahr genauso oft von West nach Ost wechselt wie von Ost nach West, würde jedes Verdrehen (theoretisch) wieder rückgängig gemacht. Bei mir war bisher kein störendes Verdrillen feststellbar, aber das hängt möglicherweise mit der freien Lage zusammen.

Am 27. und 28.2.1990 fegten die Orkane »Vivian« und »Wiebke« über unser Land und verursachten Schäden in Milliardenhöhe. Viele Windkraftanlagen wurden zerstört und auch an meinen gab es einige Schäden. Nur dieser Chinagenerator lief unbeschädigt durch und übernahm für einen Tag die Notstromversorgung, da viele Hochspannungsmasten wie Streichhölzer abgeknickt waren. Seitdem habe ich einen noch größeren Respekt vor dieser Maschine. Sie hat mir gezeigt, daß es mit geringem technischem Aufwand möglich ist, kleine Windkraftanlagen preiswert und serienmäßig so zu bauen, daß sie nicht nur niedrigste Windgeschwindigkeiten nutzen können, sondern auch Orkane mit Geschwindigkeiten über 200 km/h schadlos überstehen und dabei noch Strom erzeugen. Welche Großwindkraftanlagen können dies auch?

6.4 Der Rutland FM 180

Dieser Rotor läuft etwas schlechter an als der C.100-12 und zwar bei 2,2 m/s. Ab 2,5 m/s fließt Strom in eine 24 V-NiCd-Batterie.

Die Ergebnisse meiner Messungen sind in Abb. 33 zusammengefaßt. Die Kennlinien machen deutlich, daß die Stromlieferung gegenüber dem Chinagenerator C.100-12 erst bei etwas höheren Windgeschwindigkeiten einsetzt. Ab 16 m/s Windgeschwindigkeit beginnt der Rotor aus dem Wind zu drehen, wodurch die Leistung - wie ja auch gewünscht - stark abfällt. Bei 10 m/s Windgeschwindigkeit wird eine Ladestromstärke von 4,5 A erreicht, was einer Leistung von ca. 110 W entspricht. Die angegebene Nennleistung von 300 W wird nach meinen Meßergebnissen bei keiner Windgeschwindigkeit erreicht, ich konnte nur einen Meßpunkt mit 9,5 A Ladestromstärke bei 15,5 m/s finden, was einer Maximalleistung von 234 W entspricht.

Wie der kleinere Rutland-Rotor WG 910 ist auch diese Anlage fast wartungsfrei; eine jährliche Kontrolle der Schraubenbefestigung von Flügeln und Mastschelle reicht aus.

Schmierstellen sind nicht vorhanden und auch die Kontrolle des Kabels auf Verdrillen kann dank der Schleifringe entfallen. Wenn sich bei Schwachwind die Windrichtung ändert und das Azimutlager bewegt wird, ohne daß der Rotor läuft, ist gelegentlich ein leises Quietschen zu hören. Dies führte bereits mehrfach zu Rückfragen besorgter Anlagenbesitzer beim Lieferanten, ob nicht doch geschmiert werden müßte. Antwort: »Es muß nicht, denn Ursache des Geräusches ist die Reibung der Kohlen auf den Schleifringen und die dürfen natürlich keineswegs geschmiert werden!« Was die Geräuschentwicklung betrifft, so läuft diese Anlage ähnlich wie der C.100-12 bis zu einer Windgeschwindigkeit von etwa 6 m/s fast geräuschlos, darüber hinaus tritt ein deutliches Zischen und Rauschen auf. Mich und meine Tiere stört es nicht, aber wer empfindliche Nachbarn oder Familienangehörige hat, sollte bei der Wahl des Aufstellungsortes die Geräuschentwicklung berücksichtigen.

Leider läuft die Anlage nicht vibrationsfrei. Ursache hierfür ist ein Fertigungsfehler, der aber nicht bei allen Exemplaren dieses Typs auftritt. Die Nabenplatte für die Flügelbefestigung läuft in axialer Richtung nicht ganz rund, weil sie sich vermutlich beim Verschweißen mit der Generatornabe verzieht und danach nicht noch einmal überdreht oder

ausgerichtet wird. Dadurch treten bei hohen Drehzahlen Vibrationen auf, die sich auch auf die Lagerung und Feder der Windfahne übertragen. Als Folge davon ist bei mir schon zweimal der Schenkel der auf Torsion beanspruchten Spiralfeder gebrochen, ein Schaden, der jedoch relativ leicht repariert werden kann.

Der zweite Bruch trat während des Orkans »Wiebke« auf, und zwar in der Nacht. Da die Windfahne den Rotor nun nicht mehr führen konnte, wurde dieser von der Rückseite angeströmt und arbeitete als Leeläufer. Obendrein riß der Orkan das Kabel vom Generator zur Batterie ab, so daß der Rotor ohne Last lief. Dabei entwickelte er ein Geräusch wie ein Propellerflugzeug, was auf Drehzahlen von mehreren Tausend Umdrehungen pro Minute schließen läßt. Bei mehreren extremen Böen dieses Sturmes, der Dachziegel wie Papierblätter herausriß und durch die Luft wirbelte, glaubte ich, jetzt müßten auch die Flügel abreißen, aber dank der fünffachen Verschraubung an der Nabenplatte passierte dies nicht. Nach Reparatur der Feder lief der Rotor bis jetzt wieder einwandfrei. Wie in der Anlagenbeschreibung in Kapitel 5 dargestellt, wird die Feder neuerdings durch Schräganordnung der Windfahne ersetzt. Obwohl die Windfahne relativ klein ist, führt sie den Rotor bei wechselnden Windrichtungen gut nach, weil das Azi-

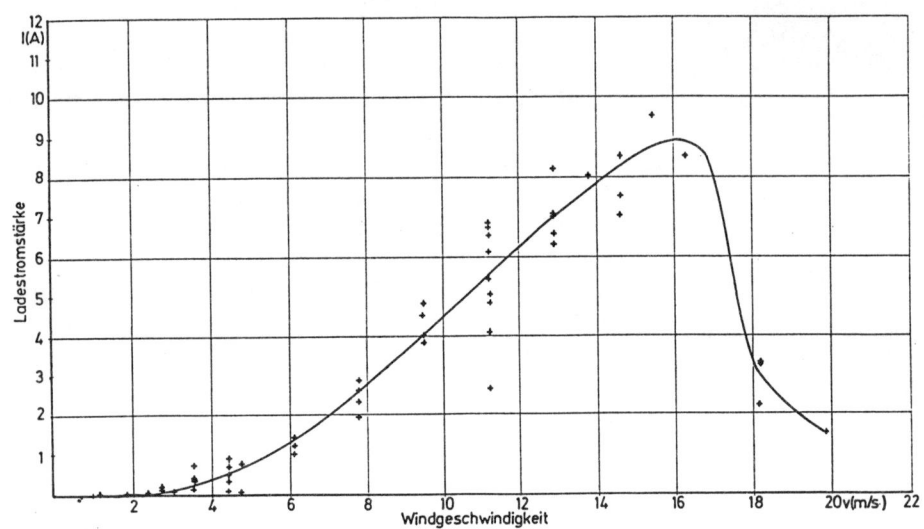

Abb. 33:
Ladestromstärke der Rutland-Windkraftanlage FM 180 in Abhängigkeit von der Windgeschwindigkeit bei einer Ladespannung von 23,9 bis 24,6 V.

mutlager sehr leichtgängig ist. Allerdings reicht ihre Größe nicht aus, um den Rotor genau quer zum Wind zu halten, er wird vielmehr stärker seitlich abgedrückt, als dies beim C.100-12 der Fall ist. Mit einer größeren Windfahne ließe sich sicher noch etwas mehr Leistung aus der Anlage herausholen.

Die mitgelieferte, elektronisch gesteuerte Ladestation arbeitet störungsfrei. Sie enthält jedoch ein Relais, das bei niedrigen Windgeschwindigkeiten »flattert«, also hin- und herschaltet. Dabei tritt ein klickendes Geräusch auf, weshalb diese Station nicht gerade in der Nähe von Wohn- oder Schlafräumen installiert werden sollte.

6.5 Der »Chinagenerator« D.300 - 24

Der permanentmagneterregte Generator in Trommelbauweise (Abb. 34) dieses Windkraftwerkes wurde zunächst auf dem Prüfstand vermessen. Er ist übrigens auch einzeln zum Preis von 684 DM inclusive Brückengleichrichter lieferbar. Die Nennleistung wird mit 300 W bei 24 V und 200 W bei 12 V angegeben.

Abb. 34:
Drehstromgenerator der Windkraftanlage D.300-24. Links der Anker mit den 8 rechteckigen Permanentmagneten. Rechts das Gehäuse mit der sehr gut ausgeführten und enggepackten Wicklung. Es handelt sich um einen der besten Generatoren, die ich testen konnte. Diese Typen gibt es auch mit 100, 400, 500 und 600 W Nennleistung.

Meine Angaben beziehen sich auf die 24 V-Ausführung ohne Kondensator. Bei der Messung der Leerlaufspannung (Abb. 35) zeigte sich, daß schon bei 225 U/min eine Spannung von 26 V erreicht wird, die ausreicht, um einen (schwachen) Ladestrom fließen zu lassen. Bei 1.000 U/min steigt die Leerlaufspannung bis auf 110 V, daher Vorsicht im Umgang mit so hohen Gleichspannungen! Als Kurzschlußstrom wurde bei 225 U/min bereits 9 A gemessen, der Maximalwert von 13,5 A wird bei 900 U/min erreicht (Abb. 36). Die Messungen stimmen recht gut mit den Prospektangaben der Fa. Harbarth überein.
Bei den Leistungsmessungen unter Last (Abb. 37) zeigte sich, daß bei 500 U/min die halbe Nennleistung von 150 W bei einer Ladespannung von 28 V erbracht wird. Leider konnte nur bis zu einer Drehzahl von max. 700 U/min gemessen werden, wobei der Generator 255 W lieferte. Aus dem Kurvenverlauf läßt sich jedoch errechnen, daß für die Nennleistung von 300 W etwa 850 U/min erforderlich sind.
Bei diesen Messungen zeigte sich übrigens ein deutlicher Einfluß der Generatortemperatur auf die Meßwerte; entsprechend zeigen einige Meßpunkte in der Darstellung stärkere Abweichungen von der Ausgleichskurve.
Der Generator hat ein sehr geringes Losbrechmoment (Anlaufwiderstand), die Polfühligkeit ist beim Drehen der Welle kaum zu spüren. Auch der Wirkungsgrad scheint gut zu sein, weil sich der Generator im Lastbetrieb auf dem Prüfstand nicht sehr stark erwärmte.

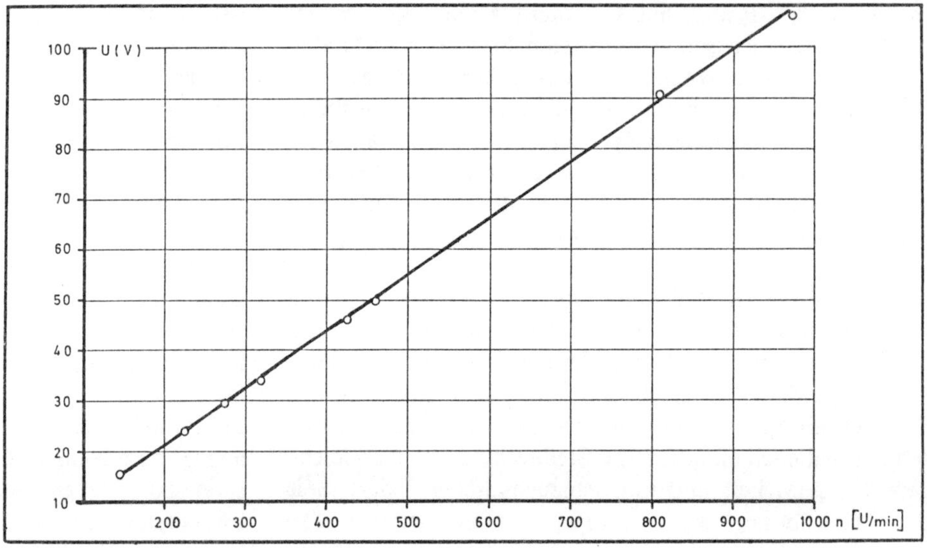

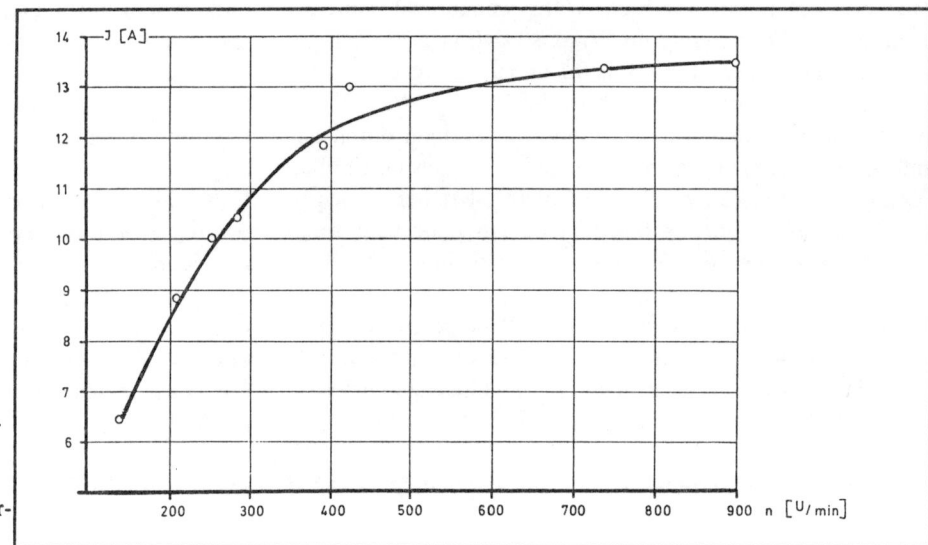

Abb. 35:
Leerlaufspannung U des permanent-
magneterregten Drehstromgenerators mit
Brückengleichrichter der dreiflügeligen
Windkraftanlage D.300-24 von Harbarth
bei verschiedenen Drehzahlen.

Abb. 36:
Kurzschlußstrom I des permanentmagneterregten Drehstromgenerators mit Brük-
kengleichrichter der dreiflügeligen Windkraftanlage D.300-24 von Harbarth bei verschiedenen Drehzahlen.

Im *praktischen Betrieb* hat sich diese Anlage bis jetzt gut bewährt und auch schon die ersten Stürme überstanden. Das automatische Wegklappen des Rotors nach oben als Sturmsicherung hat den Vorteil, daß dieser im Normalbetrieb immer exakt quer zum Wind steht. Bei Anlagen mit der seitlichen Eklipsenregelung hingegen läuft der Rotor je nach Windfahnengröße auch bei niedrigen und mittleren Windgeschwindigkeiten mehr oder weniger schräg zur Windrichtung, was zu Leistungseinbußen führt (vgl. Beschreibung des FM 180 weiter vorn). Allerdings waren bei dem mir zur Verfügung gestellten Exemplar die Ausgleichsgewichte zu klein: der Rotor klappte schon bei 8 - 10 m/s Windgeschwindigkeit hoch und kam nicht wieder zurück. Da auch ein gutes Schmieren des Gelenkes keine Abhilfe brachte, habe ich einfach 500 g Bleiblech um die Ausgleichsgewichte gewickelt und mit Schlauchschellen fixiert. Seitdem funktioniert die Sturmregelung einwandfrei. Das Hoch- und Herunterklappen wird durch die Kreiselkräfte des Rotors gedämpft; es verläuft daher sehr sanft und ohne starke Beanspruchung der Anschläge. Im hochgeklappten Zustand liegt der Rotor nicht völlig waagerecht, sondern noch mit ca. 20° Neigung im Wind, so daß er sich noch genügend schnell dreht, um etwas Strom zu erzeugen.

Das Azimutlager ist leider nicht so leichtgängig wie bei den zuvor beschriebenen Anlagen, und zwar bedingt durch das untere Gleitlager aus Kunststoff. Bei mittleren und hohen Windgeschwindigkeiten stört dies nicht, aber bei niedrigen könnte die Nachführung besser sein. Ich habe alles mögliche probiert, um Abhilfe zu schaffen, bisher aber ohne großen Erfolg.

Meine Anlage läuft erst bei 2,5 m/s Windgeschwindigkeit an, also deutlich später als der C.100-12 und der FM 180. Ich habe dies den sehr schlanken Flügeln zugeschrieben, aber Herr Harbarth, der diese Anlage vertreibt, berichtete mir, daß bei ihm der D.300-24 früher anläuft als der C.100-12. Beide Anlagen stehen - bei ihm wie auch bei mir - direkt nebeneinander. Demnach gibt es offenbar Unterschiede zwischen den einzelnen Exemplaren des gleichen Typs. Einmal angelaufen, dreht sich der D.300-24 bei abflauendem Wind noch bis etwa 1,5 m/s, wenn der FM 180 schon steht. Für einen Dreiflügler läuft der Rotor sehr schnell. Das Geräusch wird ab etwa 5 m/s Windgeschwindigkeit sehr deutlich hörbar, ist aber für mein Gefühl nicht unangenehm.

Die Ergebnisse meiner Messungen sind in Abb. 38 dargestellt. Das Laden einer 24 V-Batterie beginnt bei ca. 2,3 m/s Windgeschwindigkeit. Mit 500 g Blei am anderenfalls zu leichten Gegengewicht wird eine Maximalleistung von 200 W bei 8 A Ladestromstärke erzielt. Bei 10 m/s fließen 5,5 A in die Batterie, was einer Leistung von 137 W entspricht. Die angegebene Nennleistung von 300 W wurde erst mit insgesamt 900 g Blei am Gegengewicht bei 20 m/s fast erreicht. Im Vergleich zu den Meßergebnissen des Rutland FM 180 bringt der D.300-24 deutlich bessere Leistungen, die bei 10 m/s um etwa 20% höher liegen. Bei niedrigeren Windgeschwindigkeiten fällt der prozentuale Mehrertrag eher noch größer aus. Durch die um etwa 7% größere Rotorfläche des D.300-24 kann dies allein nicht erklärt werden. Wahrscheinlich hat der D.300-24 ein sehr gutes, auf den Generator abgestimmtes Flügelprofil und gegenüber dem FM 180 zudem den Vorteil, daß die Rotorebene genau senkrecht zum Wind steht und nicht schräg. Hätte der D.300-24 auch noch eine so leichtgängige Azimutlagerung wie der FM 180, könnte der Leistungsunterschied meines Erachtens noch größer ausfallen.

Seit Januar 1991 messe ich den Energieertrag beider Rotoren mit Hilfe von Amperestundenzählern (Fa. E. Schoder) und lese sie täglich ab. Die bisherigen Resultate bestätigen die Überlegenheit des D.300-24 gegenüber dem FM 180, die Mehrausbeute an Energie beträgt etwa 20 - 25%, wobei aber auch hier wieder der etwas größere Durchmesser des D.300 - 24 berücksichtigt werden muß.

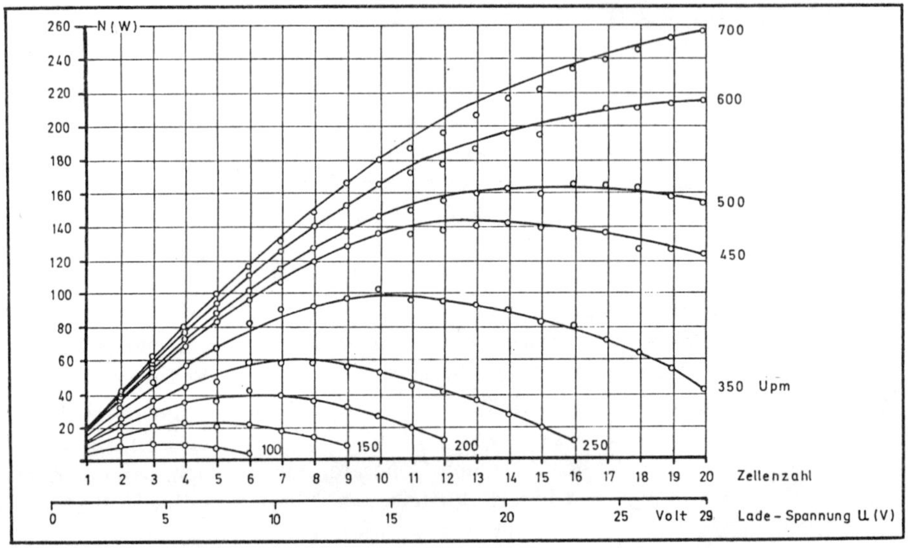

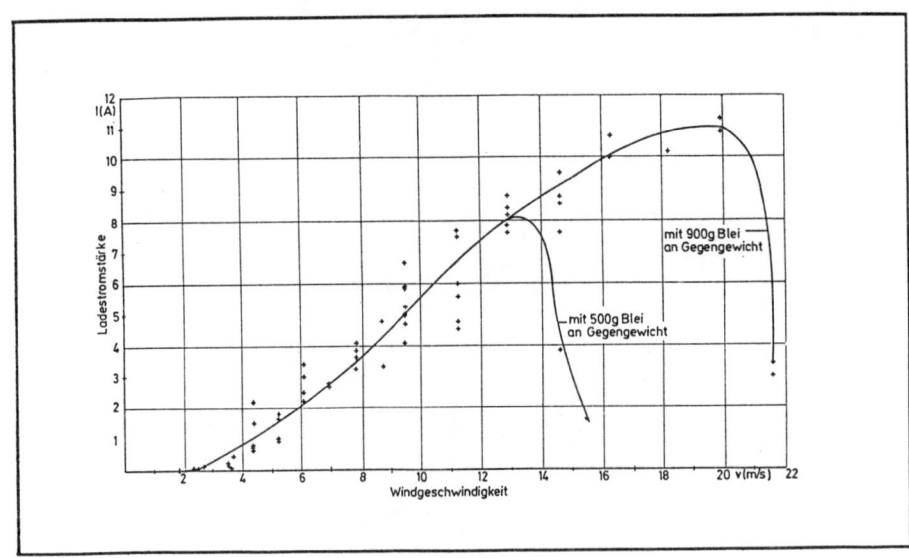

Abb. 37:
Leistung N des permanentmagneterregten Drehstromgenerators mit Brückengleichrichter der dreiflügeligen Windkraftanlage D.300-24 von Harbarth beim Laden einer Nickel-Cadmium-Batterie mit 30 Ah Kapazität bei verschiedenen Drehzahlen und Zellenzahlen.

Abb. 38:
Ladestromstärke I in Abhängigkeit von der Windgeschwindigkeit bei der dreiflügeligen Windkraftanlage D.300-24 von Harbarth bei 24 - 25 V Ladespannung.

6.6 Der Solavent 100

In Abb. 39 sind die auf dem Prüfstand ermittelten Leistungskennlinien des Drehstromgenerators dargestellt. Die Nennleistung von 100 W bei 26,6 V Ladespannung wird bei 940 U/min erreicht. Leider hat dieser Generator eine relativ starke Polfühligkeit, die in Verbindung mit der Zahnriemenübersetzung den Rotor erst bei 3,5 m/s Windgeschwindigkeit anlaufen läßt. Ohne Generator läuft der Rotor hingegen schon bei weniger als 1 m/s an.

Ist die Anlage angelaufen, liefert sie ab 3 m/s Strom in eine 24 V-Batterie. Erste Messungen (Abb. 40) ergaben, daß bei 10 m/s ein Ladestrom von 1,6 A fließt, was einer Leistung von 45 W entspricht. Die angegebene Nennleistung von 100 W wird bei 15 m/s erreicht. Da der Generator einen Kurzschlußstrom von max. 6 A liefert, dürfte bei ca. 20 m/s die Höchstleistung der Anlage mit 5 A Ladestrom und 150 W Leistung erreicht werden. Gemessen an der relativ kleinen Rotorfläche von etwa 1 m² ist die Leistung dieser Anlage sicherlich nicht schlecht. Mit einem leichter laufenden Generator, um den sich Dr. Bracke zur Zeit bemüht, könnte sie aber noch besser sein; vor allem ließe sich die untere Schwelle bei der Stromerzeugung sicherlich auf 2,5 m/s senken.

Besonders hervorgehoben werden muß die Geräuscharmut dieser Anlage, bedingt durch die niedrige Drehzahl von 50 bis 150 U/min bei normalen Windgeschwindigkeiten. Das leise Brummen des Zahnriemens ist lauter, als das Geräusch des Rotors.

Seit April 91 ist es mir gelungen, den Rotor zu etwas leichterem Anlauf zu bringen: Der Generator muß durch feinfühliges Einstellen der Langloch-Verschraubung so fixiert werden, daß der Zahnriemen in der Mitte des kleineren Zahnrades läuft und nicht an dessen Führungsflanken scheuert. Außerdem darf der Zahnriemen nicht so straff gespannt werden, wie dies üblicherweise gemacht wird. In Kürze bekomme ich auch den »Solavent 300« zur Erprobung.

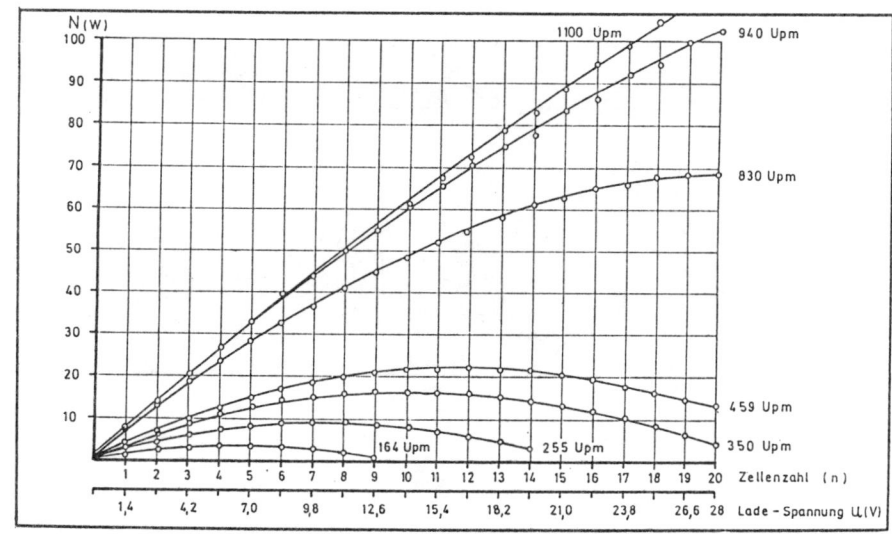

Abb. 39:
Leistung P des permanentmagneterregten, 12-poligen Drehstromgenerators mit Brückengleichrichter der Windkraftanlage Solavent 100 von Dr. Bracke/Freiburg beim Laden einer Nickel-Cadmium-Batterie mit 30 Ah Kapazität bei verschiedenen Drehzahlen und Zellenzahlen.

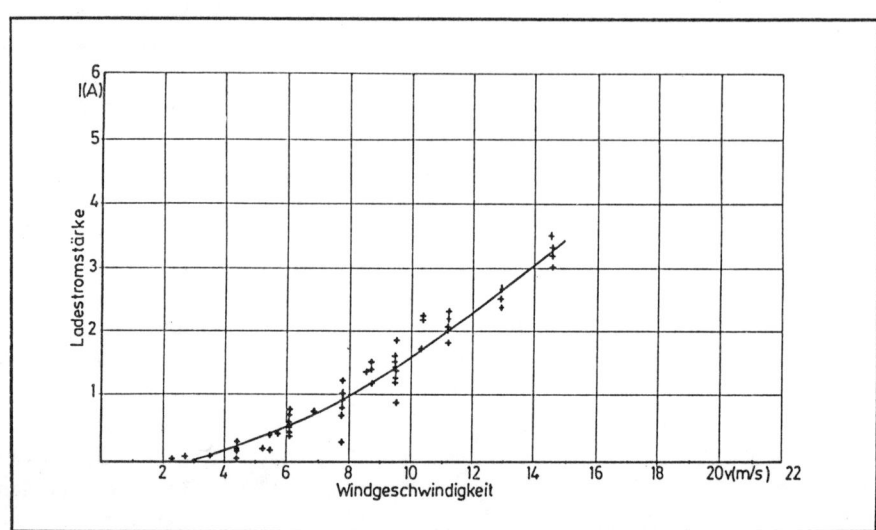

Abb. 40:
Ladestromstärke I in Abhängigkeit von der Windgeschwindigkeit V bei der Windkraft-anlage Solavent 100 bei 26 - 28 V Lade-spannung.

6.7 Weitere erprobte Anlagen

Die im folgenden behandelten Anlagen wurden im Rahmen meiner Messungen und Tests ebenfalls erprobt; es handelt sich dabei um Typen, die zwar noch nicht handelsüblich, aber doch so interessant sind, daß sie hier aufgeführt werden sollen.

Der Herter-Rotor

Der Herter-Rotor ist ein Vertikalachsrotor, konzipiert nach Vorschlägen des Kunstmalers und Erfinders Erich Herter, mit 3 achsparallelen, gelenkig aufgehängten Flügeln aus GFK und mittig angeordneten Tragarmen. In der Anlauf-phase stellen sich die Flügel immer so schräg in den Wind, daß Staudruck-Kräfte wirksam werden, während bei höhe-ren Drehzahlen Fliehgewichte an der Nase der Flügel diese in Schnellaufstellung bringen.

Im Rahmen einer Diplomarbeit (Thomas Böttler und Hans Peter Kordick) am Lehrstuhl für Thermodynamik der Fachhochschule München konnte ein erster Prototyp ge-baut und auf meinem Gelände erprobt und vermessen wer-den. Die Flügellänge betrug 2 m bei 5 m Flügelkreisdurch-messer (Abb. 41). Für den Turm habe ich ein neues Kon-zept entworfen, das ohne spezielle Hebezeuge und Beton-Fundamente oder Erdanker auskommt (vgl. Kapitel 7.3).

Als Generator kommt ebenfalls ein Prototyp zum Einsatz, nämlich ein 8-poliger, von Albin Siegl aus Weissenburg selbstgebauter Drehstromgenerator mit auf die Anker-trommel geklebten, handelsüblichen Permanentmagneten. Er wird von der senkrechten Welle mittels Kettenüberset-zung im Verhältnis 1 : 4 angetrieben. Die Maximalleistung des Generators liegt bei 2 kW, so daß der Rotor in Verbin-dung mit einer NiCd-Batterie von 240 Ah bei variabler Spannung zwischen 1,2 - 60 V gut belastet werden konnte.

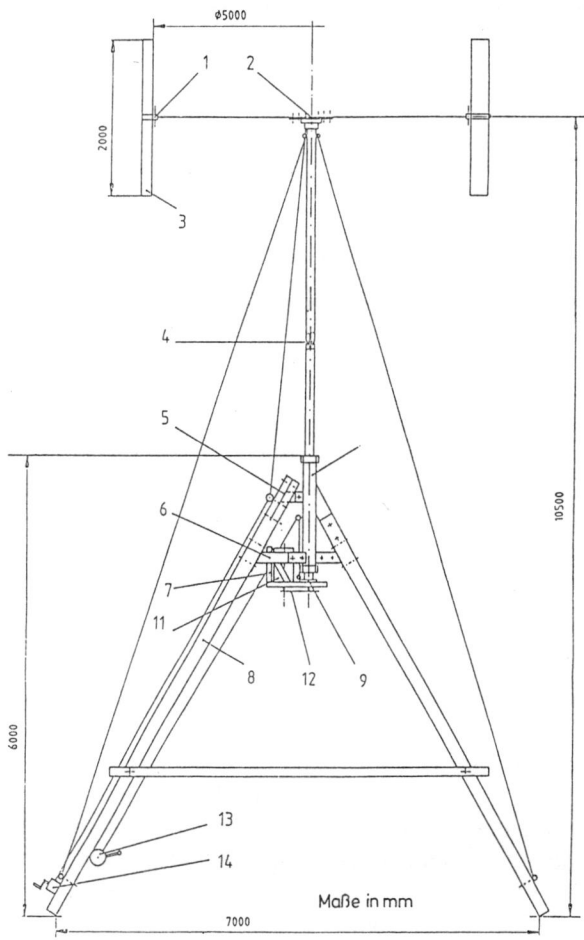

Abb. 41: Schematische Darstellung des Herter-Rotors.

1	Flügellagerung	8	Rundhölzer
2	Rotorkopf	9	Lagereinheit unten
3	Rotorflügel	10	Schiebehülse
4	Zwischenlager	11	Generator
5	Trapezplatte	12	Kettengetriebe
6	Abstützung	13	Seilwinde
7	Generatoraufhängung	14	Bremswinde

Es zeigte sich, daß der Rotor dank der gelenkigen Flügelanordnung schon bei 2 m/s Windgeschwindigkeit selbständig anläuft. Damit erreicht der Herter-Rotor im Anlaufverhalten die Eigenschaften guter Horizontalachsrotoren. Ab 3 m/s wird bei der gewählten Übersetzung eine zum Laden von 12 V-Batterien ausreichende Spannung erzeugt. Eine Ausnutzung derart niedriger Windgeschwindigkeiten hat es bei Darrieus-Rotoren, zu denen der Herter-Rotor ja vom Prinzip her zählt, bisher nicht gegeben.

Mit einem Punktdrucker wurden Leistungsmessungen durchgeführt, deren Ergebnisse in Abb. 42 dargestellt sind. Daraus ergab sich eine elektrische Leistung von 300 W bei 10 m/s, was für einen Rotor dieser Größe zu wenig ist. Herr Herter hatte eine Leistung von 1,3 kW errechnet, womit der bekannte Unterschied zwischen Theorie und Praxis wieder einmal bestätigt wird.

Durch Verwendung eines getriebelosen Generators, eines auftriebsstärkeren, symmetrischen Flügelprofils und durch eine Fixierung der Flügel in der optimalen Schnellauf-Stellung ließe sich die Leistung der Anlage verbessern. Aus finanziellen Gründen konnte das Projekt jedoch nicht bis zur Marktreife weitergeführt werden - wie so oft bei interessanten Neuentwicklungen.

FD 3,6 - 1000

Diese Anlage, die vom Hauptmähdrescherwerk Peking nach amerikanischen Entwicklungen hergestellt und von der Fa. China National Maschinery and Equipment Import and Export, Peking vertrieben wird, wurde mir von Dornier leihweise zur Verfügung gestellt, um erste Erfahrungen zu sammeln (Abb. 43 u. 44).

Der Rotor hat 3 Flügel aus koreanischer Kiefer mit GFK-Ummantelung. Der Durchmesser beträgt 3,6 m. Es handelt sich hier um die gleichen Flügel, die die Fa. Harbarth unter der Bezeichnung CG mit Flansch und Spinner als Selbstbausatz zum Preis von 998 DM vertreibt. Bei der Komplettanlage sitzt der Rotor an einem im Ölbad laufenden Stirnradgetriebe mit einer Übersetzung von 1 : 3. Direkt an das Getriebe angeflanscht ist der Generator, dessen Gehäuse ebenso wie das Getriebegehäuse aus Aluminium-

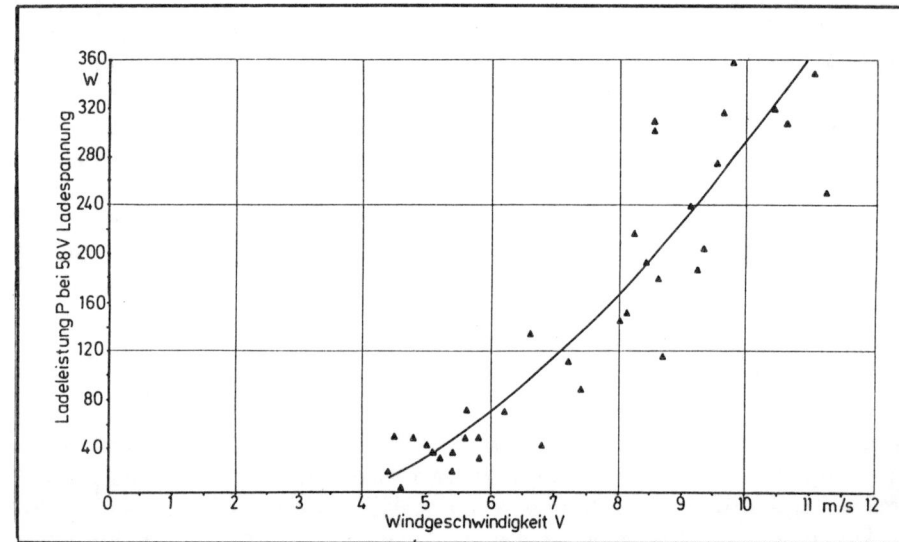

Abb. 42:
Leistung des Herter-Rotors bei 58 V Ladespannung in Abhängigkeit von der Windgeschwindigkeit.

Druckguß besteht. Der Generator wird mit Batteriestrom fremderregt und erzeugt Drehstrom, den 3 Schleifringe durch das Azimutlager ableiten. Schleifringe und Kohlebürsten sind gut zugänglich in einem eigenen Gehäuse untergebracht. Das Azimutlager ist doppelt kugelgelagert und sehr leichtgängig. Am hinteren Generatordeckel ist ein Gabelgelenk für den Windfahnenträger angegossen. Die Anlage arbeitet nämlich mit der schon beschriebenen Eklipsenregelung, d.h. die Generatorwelle ist gegenüber dem Azimutlager seitlich versetzt, so daß der Winddruck den Rotor bei zu hohen Windgeschwindigkeiten ausschwenken kann. Das Gelenk des Windfahnenträgers ist hier ca. 14° aus der Senkrechten geneigt, so daß die Windfahne beim Ausschwenken angehoben wird und bei Abflauen des Windes den Rotor wieder in die richtige Position drückt. Um den Rotor von Hand aus dem Wind zu drehen, läßt sich die Windfahne mit einem Seilzug, der durch den Mast geführt wird, auch vom Boden aus zur Seite klappen.

Die Gleichrichtung des Drehstroms erfolgt erst in Batterienähe durch eine mitgelieferte Regelstation, die auch die Erregung des Generators steuert und die Batterie vor Überladen schützt; sie enthält außerdem 2 Amperemeter

Abb. 43: Windkraftanlage FD 3,6-1000 auf einem Teleskopmast.

und ein Voltmeter. Der Generator ist mit 12, 24 und 48 V Nennspannung lieferbar; die Nennspannung der mir zur Verfügung stehenden Ausführung betrug 12 V. Die Nenn-*leistung* des Generators wird mit 1000 W bei 9,8 m/s Windgeschwindigkeit (entsprechend 350 U/min des Rotors) und die Maximalleistung mit 1.200 W (bei 425 U/min) angegeben.

Beim ersten Probelauf nach der vorschriftsmäßigen Montage wollte der Rotor zunächst nicht anlaufen. Erst bei einem kräftigen Wind legte er plötzlich los und schüttelte so stark, daß ich glaubte, es ginge alles zu Bruch. Nach Abnehmen und Wiegen der Flügel stellte sich heraus, daß ein Flügel um fast 1 kg leichter war als die anderen, die ca. 3,8 kg wogen. Dies läßt auf ein Versehen bei der Herstellung bzw. Auslieferung der Flügel schließen. Also mußte einer unserer Praktikanten den Flügel durch weitere GFK-Lagen auf das richtige Gewicht bringen, lackieren und den Rotor statisch auswuchten. Seitdem läuft er fast ohne Vibrationen.

Im praktischen Betrieb zeigt diese Anlage ein völlig anderes Verhalten als die bisher beschriebenen mit Permanentmagnet-Generatoren. Zunächst einmal läuft der Rotor wesentlich schwerer an; er ist offenbar für Gebiete mit höheren Windgeschwindigkeiten konzipiert. Zwar hat der Generator keine Polfühligkeit, dafür aber zwei Kohlebürsten für den Erregerstrom. Außerdem gibt es 4 statt 2 Kugellager, und das Getriebe braucht auch Kraft. Die nur 14 cm tiefen (breiten), im Verhältnis zur Länge sehr schlanken Flügel müssen diese Reibungsmomente überwinden. Der Rotor läuft daher erst bei ca. 4,5 m/s an, wird aber dann so schnell, daß es so aussieht, als würden die schweren Flügel gleich wegfliegen, was bisher aber - Gott sei Dank - noch nicht geschehen ist.

Die Windnachführung geht spielend leicht, allerdings kann die Windfahne den Rotor nicht exakt quer zum Wind halten. Durch den großen seitlichen Versatz von Rotorwelle und Azimutlager (siehe auch Abb. 44, »Rückansicht«) läuft er ähnlich wie der Rutland FM 180 auch im Normalbetrieb stets ein wenig schräg zur Windrichtung. Die Eklipsenregelung funktioniert auch bei dieser Rotorgröße noch einwandfrei und setzt bei ca. 12 m/s Windgeschwindigkeit ein.

Der Grad der Regelung läßt sich übrigens einstellen, indem das Getriebegehäuse oder das Gelenk am Windfahnenträger gegenüber dem Generatorgehäuse verdreht wird. Dadurch verändert sich der Anstellwinkel des Gelenkbolzens und damit die Kraft, mit der die Windfahne den Rotor in Normalstellung hält.

Das Geräusch der Anlage ist bereits im Normalbetrieb sehr stark und ähnelt einem lauten Zischen. Solch eine Anlage sollte auf keinen Fall in der Nähe eines Wohnhauses betrieben werden.

Bedingt durch den fremderregten Generator verläuft die Stromerzeugung bei dieser Anlage ganz anders als bei Anlagen mit Permanentmagnet-Generatoren, wo sie bei steigender Windgeschwindigkeit sehr sanft und fast unmerklich einsetzt und umgekehrt wieder aussetzt. Wie auch bei anderen fremderregten Anlagen dreht der Rotor bei ausreichender Windgeschwindigkeit zunächst ohne Last hoch, bis seine Drehzahl ausreicht, um eine Spannung zu erzeugen, die deutlich höher liegt als die Batteriespannung. Die Elektronik in der Ladestation tastet die Drehzahl mit Hilfe der Remanenz des Generators laufend ab und schaltet beim Überschreiten einer Schwelle den Erregerstrom ein, der etwa 40 W aus der Batterie »zieht«. Nun erzeugt der Generator plötzlich einen starken Strom, was den Rotor radikal abgebremst; infolge der gesunkenen Drehzahl wird die Erregung nun wieder abgeschaltet ...

Dieses Spiel wiederholt sich bei mittleren Windgeschwindigkeiten mehrfach in einer Minute. Erst bei Windgeschwindigkeiten über 8 m/s hat der Rotor ausreichend Kraft, um den Generator ohne Pendeln durchzuziehen. Leistungsmessungen konnte ich daher bisher noch nicht durchführen, da diese wegen des besonderen Betriebsverhaltens nur mit hohem meßtechnischem Aufwand möglich wären.

Während der Hersteller angibt, daß ab 3,0 m/s Windgeschwindigkeit Strom erzeugt wird, beginnt dies nach meinen Feststellungen erst ab 4,8 m/s. In Schwachwindzonen erscheint damit der Einsatz dieser Maschine nur bedingt sinnvoll. Dies ist sehr schade, da sie recht stabil und gut gebaut ist und auch preiswert sein soll (Preis ca. 5000 DM). Mit einem modernen, getriebelosen Permanentmagnet-

generator ließe sich die Energieerzeugung der Anlage sicherlich wesentlich verbessern. Daß es möglich ist, heute solche Generatoren sogar bis in den Leistungsbereich von 10 kW zu bauen, haben die Firmen Bergey Windpower / USA und AEE / Bremen bewiesen. Und Generatoren der 1 kW-Klasse gibt es bekanntlich bei LMW in Holland.

Der Schoder-Einflügler

Einflügelige Windkraftanlagen zu bauen, ist eine große und reizvolle Herausforderung, mit der sich beispielsweise Ingenieure wie Goslich, Prof. Wortmann (FLAIR) oder Firmen wie BÖWE und MBB (Monopteros) auseinandergesetzt haben. Einflügler können nämlich mit minimalem Materialaufwand gebaut werden und erreichen hohe Drehzahlen, wodurch kleine und preisgünstige Generatoren möglich sind. Allerdings müssen besondere Kunstgriffe angewendet werden, um bei diesen Anlagen einen leichten Anlauf und schwingungsarmen Betrieb zu erreichen.

Es fehlten bisher Einflügler im Leistungsbereich bis 1 kW. In diese Entwicklungslücke ist Erwin Schoder aus Rain am Lech eingestiegen. Er hat in Eigeninitiative einen Prototyp mit einem extrem leichten GFK-Flügel (2,50 m Rotorkreis-Durchmesser) und direkt angetriebenem, kondensatorerregtem Asynchrongenerator gebaut und mir seit Juli 1990 zur Erprobung zur Verfügung gestellt (siehe auch Abb. 1). Der Flügel wiegt einschließlich des zum Massenausgleich nötigen Gegengewichtes nur 2,0 kg, an denen das Gegengewicht den weitaus größeren Anteil hat.

Der Rotor wird mittels Blattverstellung in seiner Drehzahl geregelt, wobei der Flügel kardanisch aufgehängt und hydraulisch stabilisiert ist. Er arbeitet als Leeläufer, wird also von der Mastseite aus angeströmt. Als Generator wurde zunächst eine Drehstrom-Asynchronmaschine mit Kondensatorerregung (Nennspannung 24 V) eingesetzt, die über eine lange Welle direkt angetrieben wird. Am Flügelträger, durch den die Welle läuft, ist eine kleine Windfahne zur Richtungsstabilisierung angebracht. Das Azimutlager ist ein kombiniertes Kugel- und Gleitlager (Teil von einem KFZ) und leider zu schwergängig. Auch hier zeigt sich wieder,

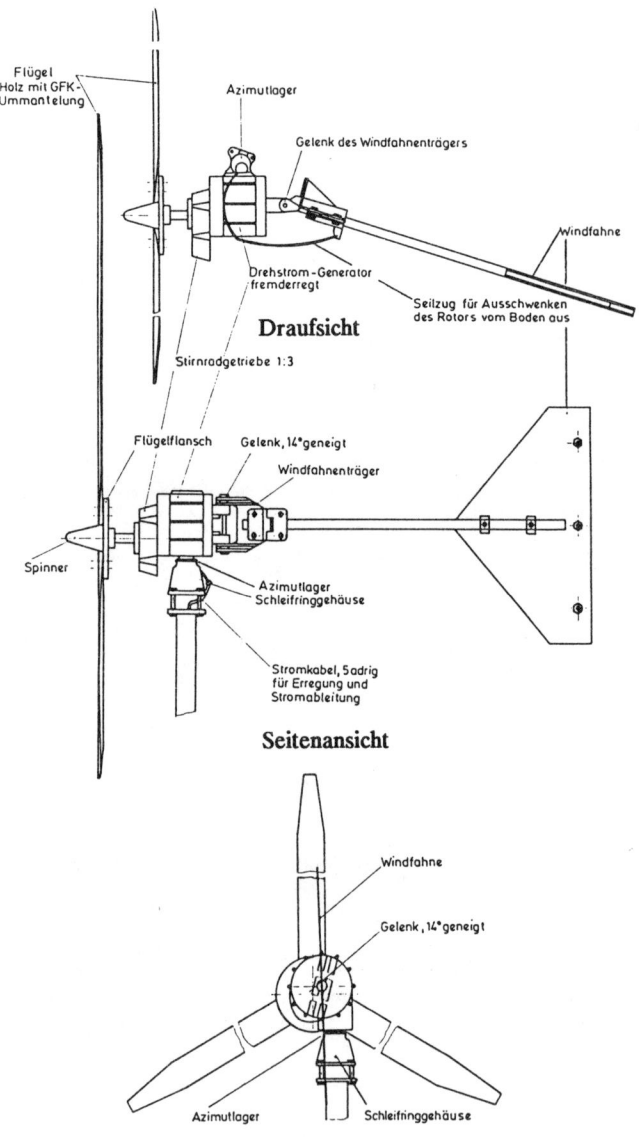

Abb. 44:
Dreiflüglige Windkraftanlage zum Batterieladen mit 3,6 m Flügelkreisdurchmesser und 1 kW Nennleistung.
Hersteller: Hauptmähdrescherwerk Peking.

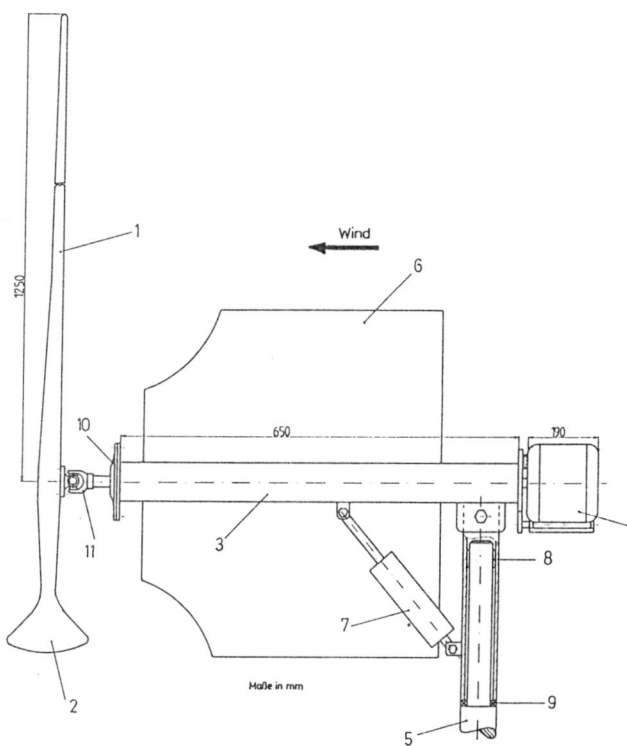

Abb. 45: Zweiter Prototyp des Einflüglers von E. Schoder. △

1	Flügel, GFK	7	Dämpfer
2	Gegengewicht	8	Gleitlager
3	Schweißkonstruktion Gondel	9	Axial-Rillenkugellager
4	Permanentmagnet-Generator	10	Lagerflansch
5	Mast	11	Kardangelenk
6	Windfahne		

Abb. 45a ►
BMFT-Demonstrationsprojekt zur Stromversorgung der netzfernen Daffnerwald-Alm bei Samerberg mit Schoder-Einflügler und Solargenerator.

daß beim Azimutlager die nötige Leichtgängigkeit nur mit einem Kugellager zu erreichen ist.

Für einen ersten Prototyp arbeitet der Einflügler erstaunlich gut. Überraschend und erfreulich ist das Anlaufverhalten. Im Stillstand wird nämlich der Flügel durch Winddruck nach vorn, also vom Mast weggeschwenkt, wobei sich der Anstellwinkel vergrößert. Dadurch treten wie beim Herter-Rotor Staukräfte auf, die ein Anlaufen bei Windgeschwindigkeiten um 3,0 m/s ermöglichen. Schon nach wenigen Umdrehungen kommt der Rotor durch Fliehkraft in die Schnellaufstellung und beginnt zu rasen. Dabei tritt ein für Einflügler typisches, rhythmisches Zischen auf, das von einem tieferen, mehr flatternden Geräusch beim Durchgang durch den Turmschatten überlagert wird. Bei hohen Windgeschwindigkeiten wird der Flügel wie beim Anlaufen durch den Staudruck des Windes aus seiner Schnellaufstellung weggedrückt und abgebremst, so daß er nicht überdrehen

kann. Bei abflauendem Wind läuft der Rotor noch bis 1 m/s weiter.

Ich habe mich vor 10 Jahren schon einmal intensiv mit Einflüglern beschäftigt und sogar selbst einen mit 2,5 m Durchmesser gebaut, der allerdings beim ersten Sturm davonflog. Wegen der Anlauf- und Schwingungsprobleme habe ich damals aufgehört und andere Prinzipien weiterverfolgt. Herr Schoder ist jedoch dabei, diese Probleme zu lösen.

Als ungeeignet hat sich der erste Generator erwiesen. Er läuft zwar außerordentlich leicht und hat natürlich keine Polfühligkeit, aber die Erregung setzt nur bei höheren Drehzahlen ein, so daß erst bei Windgeschwindigkeiten über 3,5 m/s ein Ladestrom fließt. Außerdem ist die Erregung zu schwach; sie begrenzt den Ladestrom auf maximal 2 A, obwohl der Rotor mindestens 10 A bringen müßte. Selbst beim Betrieb des Generators in drehzahlgesteuerter Stern-Dreieck-Schaltung reicht die Kondensatorerregung nicht aus, um akzeptable Leistungen zu bringen. Es führt daher auch hier kein Weg an einem permanentmagneterregten Generator vorbei. Schoder hat dies auch erkannt

und ist jetzt dabei, weitere Einflügler mit den neuen Generatoren von Harbarth zu bauen.

Seit Ende März 1991 teste ich den zweiten Prototyp mit einem Generator des D.300-24 (Abb. 45). Die erzielten Verbesserungen sind erfreulich, wie aus Abb. 46 zu erkennen ist. Das Drehzahlverhalten des Rotors läßt darauf schliessen, daß er einen noch stärkeren Generator ziehen könnte; deshalb wurde inzwischen der E.500 von Harbarth angeschlossen. Damit gelang es, dem Rotor noch mehr Leistung abzunehmen und das Geräusch spürbar zu vermindern.

Im Rahmen einer Diplomarbeit wird der Einflügler nun exakt vermessen und optimiert. Die bisherigen Ergebnisse waren so positiv, daß wir im Rahmen eine Photovoltaik-Demonstrationsvorhabens zur Stromversorgung einer netzfern gelegenen Alm bei Samerberg einen Schoder-Einflügler zur Unterstützung des Solargenerators einsetzen. Seit Anfang August '91 werden 10 Kühe mit Solar- und Wind-Strom gemolken, die Milch gekühlt sowie Haus und Stall beleuchtet (Abb. 45a). An dieser Anlage wird ein umfangreiches Meßprogramm durchgeführt.

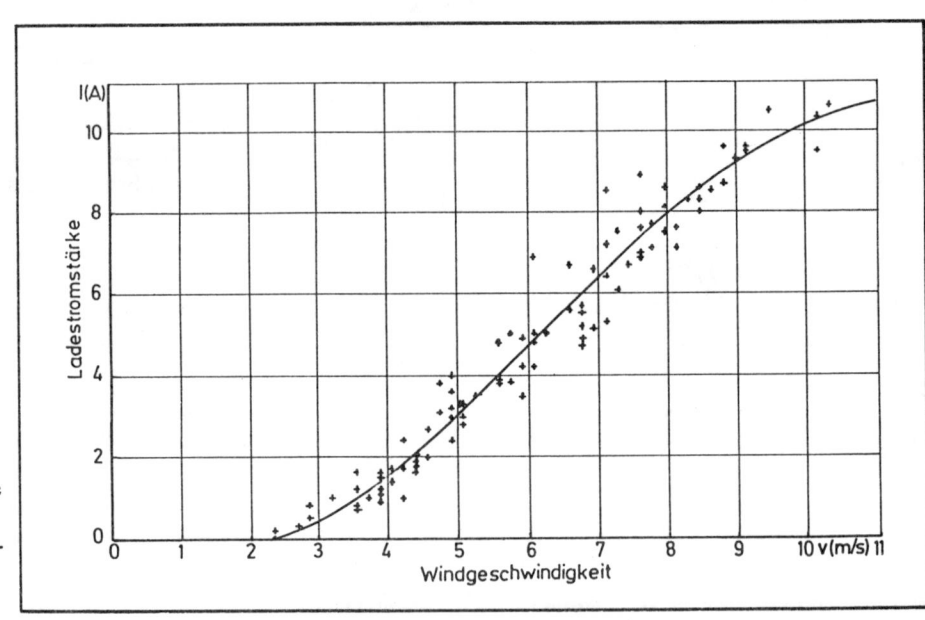

Abb. 46:
Erste Meßergebnisse der Ladestromstärke des Schoder-Einflüglers (2. Prototyp) mit 2,5 m Durchmesser und Harbarth-Generator D.300-24 (in Sternschaltung) bei verschiedenen Drehzahlen.

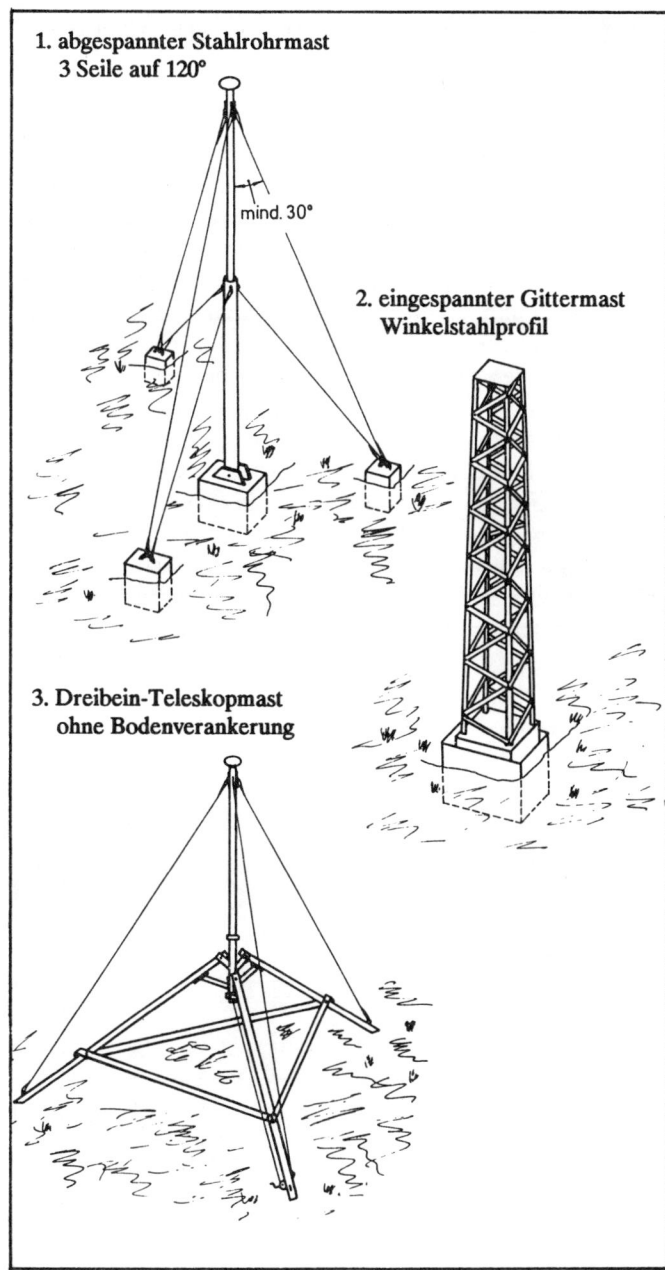

1. abgespannter Stahlrohrmast
3 Seile auf 120°

mind. 30°

2. eingespannter Gittermast
Winkelstahlprofil

3. Dreibein-Teleskopmast
ohne Bodenverankerung

Abb. 47: Typische Mastenbauweisen für kleine Windkraftanlagen.

7. Mastkonstruktionen

Wie schon in Kapitel 1 angesprochen, muß der Rotor möglichst in einer Höhe installiert werden, wo weitgehend wirbelfreie Luftströmungen herrschen. Dazu wird - abgesehen von den wenigen Fällen, wo die Anlage auf Dächern errichtet werden kann - ein Mast benötigt, der Hindernisse wie Gebäude oder Bäume in der näheren Umgebung mindestens um den Rotordurchmesser überragt. Von den drei typischen Mastkonstruktionen (Abb. 47) werden im folgenden der abgespannte Rohrmast und der Dreibein-Teleskop-Mast ausführlicher behandelt.

Generell gilt es zu beachten, daß für das Aufrichten von Mast und Anlage ein windarmer, trockener Tag mit stabiler Wetterlage gewählt wird. Außerdem sind die einschlägigen Unfallverhütungsvorschriften einzuhalten, die insbesondere die Verwendung von standsicheren Leitern, Schutzhelmen und Sicherheitsgurten vorschreiben.

7.1 Der abgespannte Rohrmast

Für freistehende Anlagen, die weit genug von Hindernissen entfernt sind, werden häufig 6 m lange, verzinkte Wasserleitungsrohre als Mast verwendet; denn diese lassen sich noch mit 3 bis 4 Leuten von Hand mit Hilfe von Stangen und Seilen aufrichten, auch wenn der Generatorkopf der Windturbine schon an der Mastspitze montiert ist. Flügel und Windfahne können dann später von einer Leiter aus angebracht werden.

Rohrdurchmesser
Einige Hersteller bzw. Lieferanten von Windkraftanlagen geben einschlägige Hinweise zur erforderlichen Rohrstärke, die die Größe und das Gewicht der Anlage berücksichtigen. So werden beispielsweise für Anlagen bis 100 W Nennleistung vielfach Rohre mit 50 - 60 mm Außendurchmesser und für Rotoren mit 200 - 400 W Nennleistung solche mit

75 - 90 mm Außendurchmesser empfohlen. Für den Mast des FM 180-Rotors kann die Fa. Conrad-Elektronik bei Bedarf eine statische Berechnung vermitteln.

Geometrie der Seilabspannung

Die erste Seilabspannung setzt möglichst weit oben am Mast an, wobei 3 Seile unter einem Winkel von mindestens 30° zum Rohr nach unten geführt werden. Bei mehr als 5 m Masthöhe wird in zwei Höhen abgespannt, um ein Schwingen des Rohres zu vermeiden. Die oberen Seile müssen soviel Abstand zu den Flügelspitzen haben, daß diese auch bei etwas lockeren und schwingenden Seilen nicht hängen bleiben. Die untere Abspannung setzt etwa in der Mitte zwischen dem oberen Abspannpunkt und dem Boden an. Die Belastung ist für alle drei Seile gleichmäßig, wenn sie von oben gesehen (d.h. in der Projektion) jeweils einen Winkel von 120° einschließen und die Fußpunkte entsprechend ein gleichseitiges Dreieck bilden. Eine Abspannung nach vier Seiten würde - trotz des höheren Aufwands - keine höhere Sicherheit bringen, denn wenn ein Seil reißt, fällt der Mast genauso wie bei 3 Seilen.

Die Befestigung am Mast

Für die Befestigung der Seile am Rohr sind zwei Lösungen möglich: bei der einen wird eine dreiteilige Schelle mit entsprechenden Ösen für das Seil um den Mast gelegt. Diese Schelle ist aus verzinktem Flachstahl gegebenenfalls selbst anzufertigen. Vorteil dieser Lösung ist der beliebig wählbare Anlenkpunkt, der später auch einmal verändert werden kann, falls kritische Schwingungen auftreten sollten. Außerdem wird die Verzinkung des Rohres nicht beschädigt. Nachteilig ist allerdings die Gefahr des Lockerns und Abrutschens. Deshalb ziehe ich aus Sicherheitsgründen angeschweißte Laschen vor, beispielsweise in Form von Kettengliedern. Zum Anschweißen muß natürlich die Zinkschicht entfernt werden, was sich später mit Zinkgrundierung wieder ausreichend beheben läßt.

Die Seile dürfen nun keinesfalls direkt durch die Laschen gezogen werden, sondern nur unter Verwendung von Herzkauschen, die das Durchscheuern verhindern. Mit doppelten Seilklemmen werden die Seile sicher festgemacht; das Aufspleißen der Enden verhindert witterungsbeständiges Isolierband.

Die Seilstärke

Die Stärke der verzinkten Stahlseile kann natürlich - ähnlich wie der Durchmesser des Stahlrohrmastes - berechnet werden, was bei unseren Kleinstanlagen aber wohl nur sinnvoll ist, wenn das Bauamt für die Genehmigung einen statischen Nachweis verlangt.

In der Praxis haben sich folgende Seildurchmesser als ausreichend erwiesen:

- 4 mm bei Anlagen bis 200 W (max. 1,8 m Durchmesser),
- 5 mm bei Anlagen von 300 - 600 W (max. 2,5 m Durchmesser),
- 6 mm bei Anlagen von 800 - 1000 W (max. 3,5 m Durchmesser).

Die Verankerung am Boden

Zur Verankerung der Seile am Boden können je nach Bodenverhältnissen Betonfundamente, Erdnägel oder Schraubanker (Hopfenanker) verwendet werden. Da es leider nicht möglich ist, in diesem Punkt allgemeingültige Empfehlungen zu geben werden, muß der Hinweis genügen, sich bei »grösseren« Anlagen im Leistungsbereich von 500 bis 1000 W einmal mit Leuten zu unterhalten, die etwas von Mastabspannungen unter den örtlichen Bodenverhältnissen verstehen, vorzugsweise also mit Mitarbeitern bei den Bauhöfen der Post und der Energieversorgungsunternehmen.

Zwischen der Verankerung mit dem Erdboden und dem jeweiligen unteren Seilende sind verzinkte Seilspanner vorzusehen, die es erlauben, den Mast genau senkrecht auszurichten und die Seile leicht nachzuspannen. Es sollten möglichst feuerverzinkte Ausführungen verwendet werden. Bei glanzverzinkten rostet nach einigen Jahren das Gewinde fest, sofern es nicht mit Rostschutzwachs dick eingestrichen wird.

Achtung: Nur Seilspanner mit geschlossenen, verschweißten Ösen verwenden, keinesfalls solche mit offenen Hakenösen! Letztere können sich bei starker Belastung aufbiegen oder bei gelockerten, schwingenden Seilen aushängen. Beides

macht dem Sturm oder Orkan unheimlich viel Spaß, wie er überhaupt kleinste Fehler, die der Mensch macht, sehr schnell findet. Deshalb sollten auch die Gewinde der Seilspanner durch Kontermuttern oder mittels eines durch die Ösen gezogenen Drahtes so gesichert werden, daß sie sich bei Vibrationen nicht lösen können.

Das Aufrichten des Mastes

Zum Aufrichten des Rohrmastes ist eine Gelenkplatte (Fußgelenk), wie sie von einigen Anbietern mitgeliefert wird, recht praktisch. Sie verhindert, daß das untere Rohrende beim Anheben wegrutscht.

Während das Aufrichten kleinerer Masten von Hand bei 3 bis 4 starken Helfern keine Schwierigkeiten bereitet, sind schwerere Masten, wie sie beispielsweise schon bei Windturbinen im Leistungsbereich um 1 kW gebraucht werden, nur mit technischen Hilfsmitteln aufstellen. Gleiches gilt, wenn für das Aufrichten nur 1 bis 2 Personen zur Verfügung stehen.

Am bequemsten, aber nicht überall einsetzbar und sehr teuer wäre ein Autokran. Sehr brauchbar ist aber auch ein Schlepper mit Frontlader, der den Mastkopf auf etwa 3 m Höhe vom Boden anheben kann, so daß das weitere Aufrichten mit einem Zugseil gut zu schaffen ist. Aber Achtung: Beim Ziehen muß durch 2 Halteseile, deren Befestigung am Boden in Ebene des Fußpunktes verläuft, sichergestellt werden, daß der Mast nicht zur Seite hin ausbricht. Außerdem muß natürlich durch ein nach hinten führendes Seil das Überkippen des aufgerichteten Mastes verhindert werden.

Wer sichergehen will, sollte das Aufrichten zunächst einmal ohne die Windturbine ausprobieren, damit diese nicht zerstört wird, wenn der Mast aus irgendeinem nicht einkalulierten Grund doch kippen sollte. Daß sich beim Aufrichten keine Personen im Fallbereich des Mastes aufhalten dürfen, sollte ebenso selbstverständlich sein wie das Tragen von Schutzhelmen und die Befestigung der Spannseile am oberen Mastpunkt schon vom Boden aus. Wer letzteres vergessen hat, muß den Mast wieder umlegen, denn eine Leiter darf erst dann angelegt werden, wenn der Mast mit den Spannseilen fest verankert ist.

Aufrichten mit einem Hilfsbaum

Steht kein Frontlader oder ein anderes Hubgerät zur Verfügung, muß »ganz konventionell« mit Seilzug und Hilfsbaum gearbeitet werden, um den Mast über den »toten Punkt« zu bringen, d.h. ihn bis zu einem Winkel von etwa 30° vom Boden aufzuheben (Abb. 48). Hierzu wird vor dem Mastfuß eine »Schwalbe« aus zwei starken Rundhölzern aufgestellt, die sich am oberen Ende kreuzen und mit einem Seil oder einer Schraube zusammengehalten sind. Die unteren, langen Schenkel stehen quer zur Zugrichtung in einem Winkel von ca. 60° zum Boden und sind durch ein Seil verbunden, damit sie nicht seitlich wegrutschen können. Der Kreuzungspunkt der Stangen sollte etwa so hoch wie die halbe Höhe des Mastes sein. Wenn das Zugseil jetzt vom Zuggerät über den Kreuzungspunkt der etwas in Mastrichtung geneigten »Schwalbe« zum Mastkopf geführt wird, läßt sich der Mast ohne Totpunkt hochziehen; das gilt übrigens auch für Gittermasten.

Bei Masten, die häufiger aufgerichtet und umgelegt werden müssen, z.B. bei Versuchsanlagen, ist es sinnvoll, den Hilfsbaum auch als feste Einrichtung am Mastfuß zu montieren, so daß in Verbindung mit einer stationären Seilwinde die Anlage von einer Person errichtet und gekippt werden kann (Abb. 49). Sofern das Kippgelenk am Mastfuß so stabil ausgeführt wird, daß es die auftretenden Querkräfte aufnimmt, kann auf die seitlichen Halteseile verzichtet werden. Die Seilwinde benötigt ein schweres Fundament, um die hohen Zugkräfte aufzunehmen.

7.2 Der Teleskop - Mast

Um aufwendige Fundamente und spezielle Hebezeuge zu umgehen, habe ich einen Teleskopmast erdacht, der sich bisher sehr gut bewährt hat. Es werden mehrere, ineinanderschiebbare Rohrstücke verwendet. Sie dürfen allerdings nicht genau ineinander passen, vielmehr muß der Innendurchmesser des äußeren Rohrs jeweils um etwa 2 cm größer sein als der Außendurchmesser des inneren. Dadurch kann ein Stahlseil vom oberen Endes des unteren,

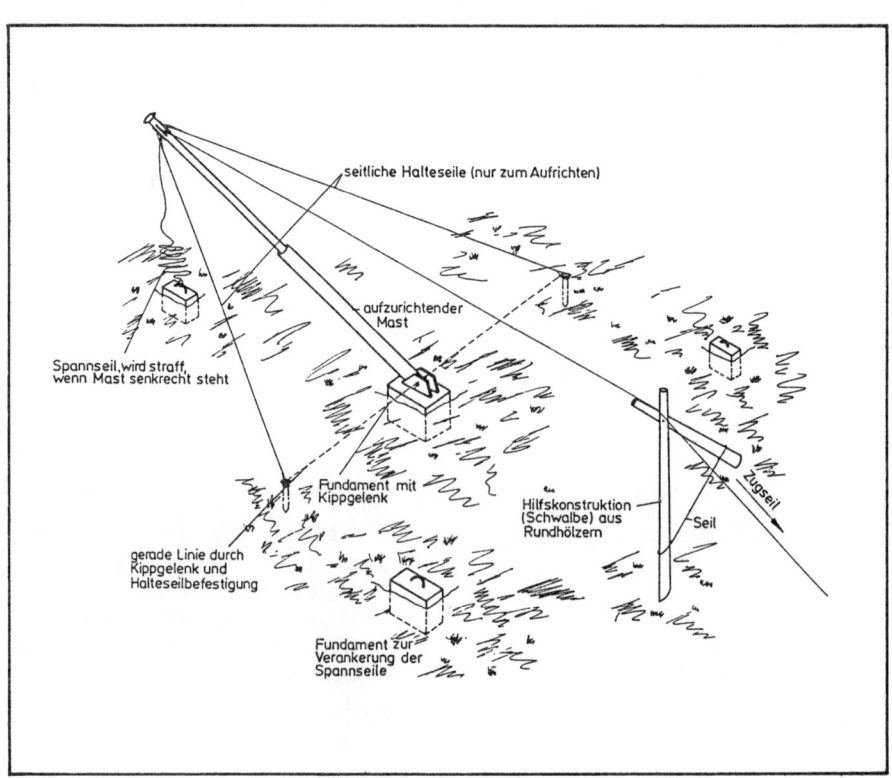

Abb. 48:
Aufrichten von Masten mit einer Hilfskonstruktion (Schwalbe).

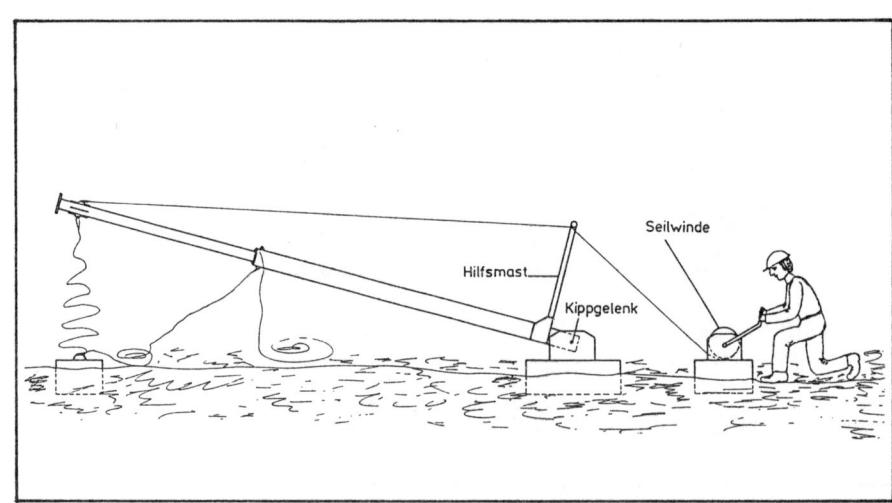

Abb. 49:
Aufrichten und Umlegen von Rohrmasten mit Hilfsmast und Seilwinde.

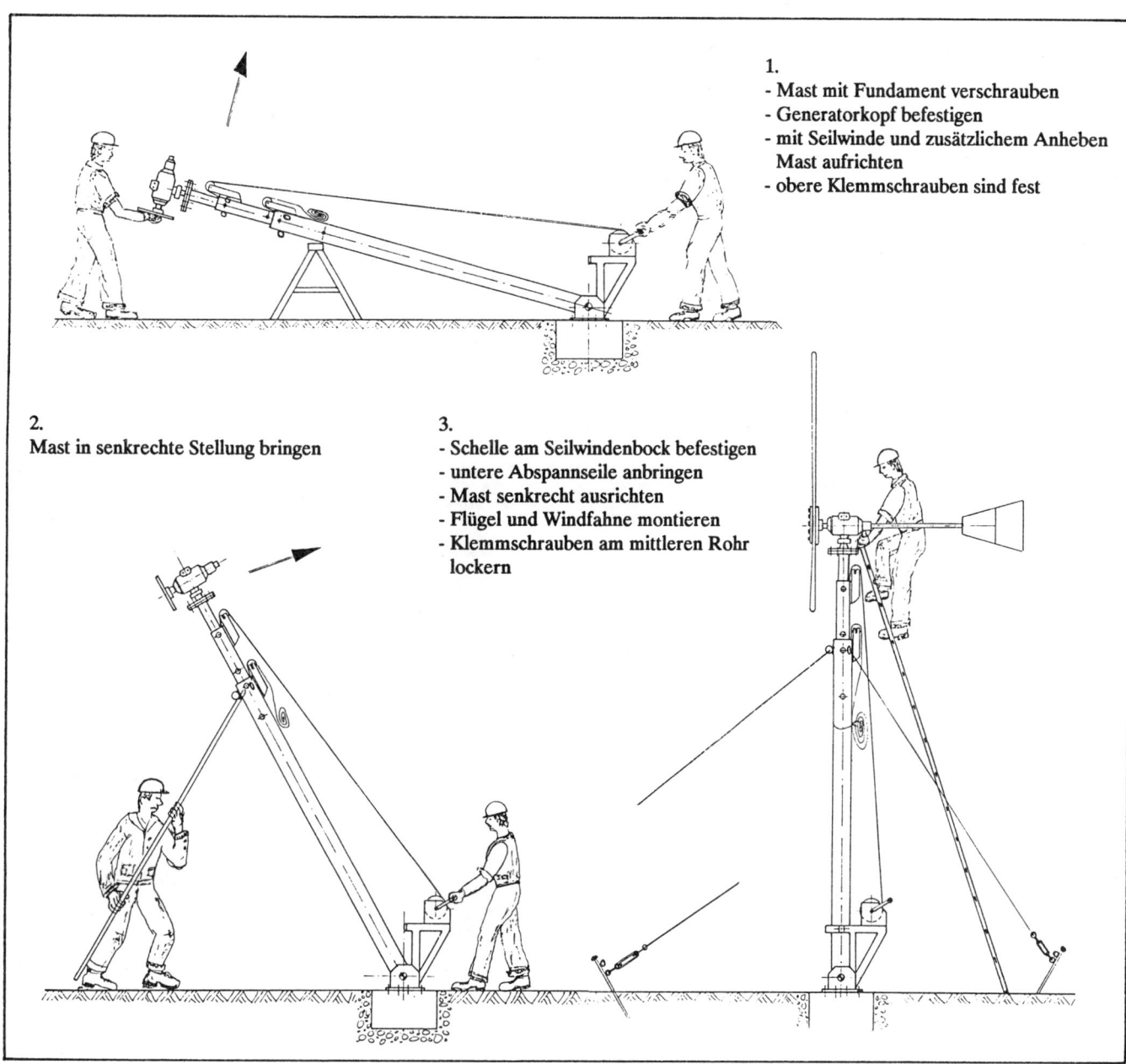

1.
- Mast mit Fundament verschrauben
- Generatorkopf befestigen
- mit Seilwinde und zusätzlichem Anheben Mast aufrichten
- obere Klemmschrauben sind fest

2.
Mast in senkrechte Stellung bringen

3.
- Schelle am Seilwindenbock befestigen
- untere Abspannseile anbringen
- Mast senkrecht ausrichten
- Flügel und Windfahne montieren
- Klemmschrauben am mittleren Rohr lockern

Abb. 50 a: Teleskopmast für kleine Windkraftanlagen.

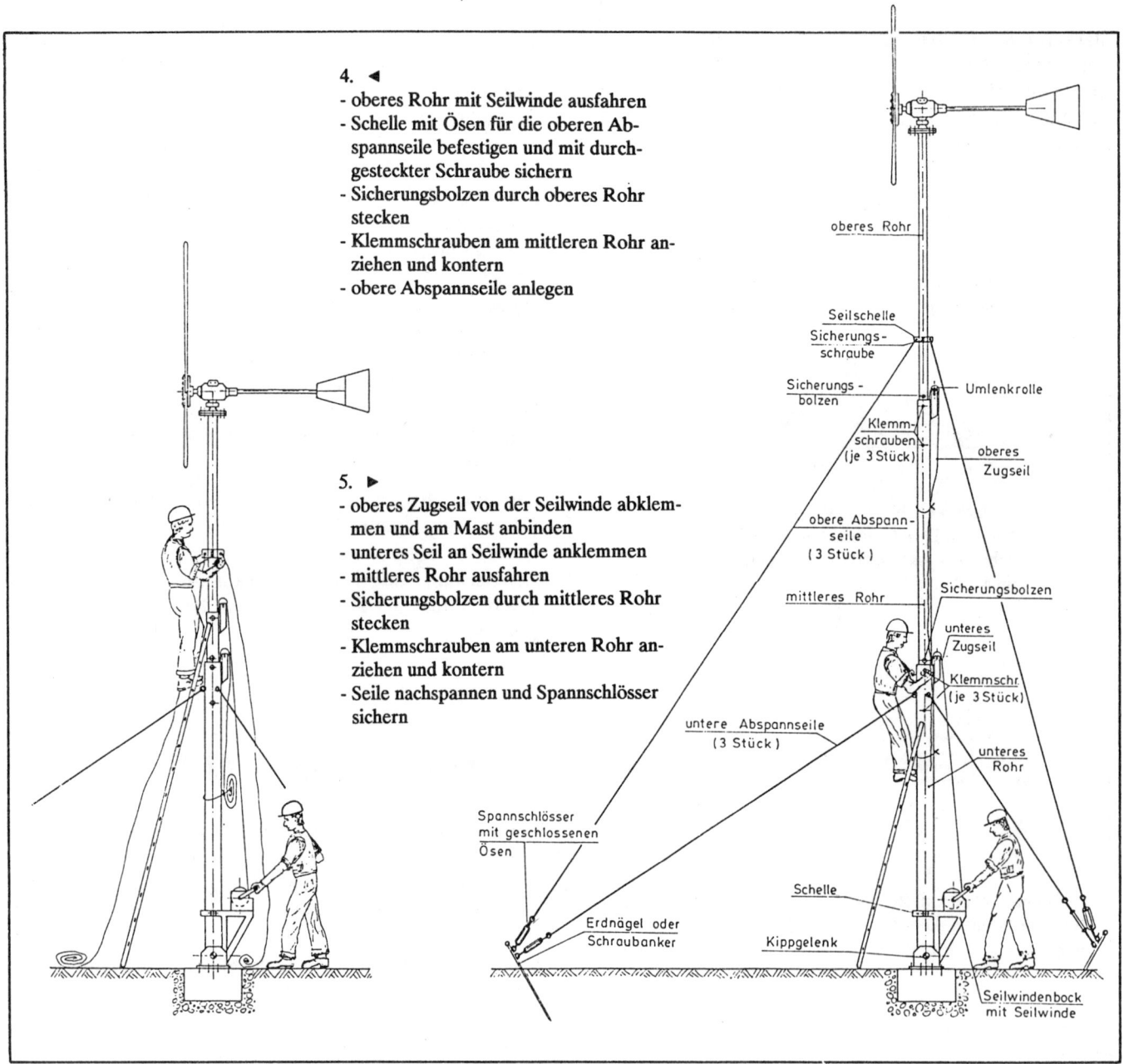

4. ◄
- oberes Rohr mit Seilwinde ausfahren
- Schelle mit Ösen für die oberen Abspannseile befestigen und mit durchgesteckter Schraube sichern
- Sicherungsbolzen durch oberes Rohr stecken
- Klemmschrauben am mittleren Rohr anziehen und kontern
- obere Abspannseile anlegen

5. ►
- oberes Zugseil von der Seilwinde abklemmen und am Mast anbinden
- unteres Seil an Seilwinde anklemmen
- mittleres Rohr ausfahren
- Sicherungsbolzen durch mittleres Rohr stecken
- Klemmschrauben am unteren Rohr anziehen und kontern
- Seile nachspannen und Spannschlösser sichern

oberes Rohr

Seilschelle
Sicherungsschraube

Sicherungsbolzen

Umlenkrolle

Klemmschrauben (je 3 Stück)

oberes Zugseil

obere Abspannseile (3 Stück)

mittleres Rohr

Sicherungsbolzen

unteres Zugseil

Klemmschr (je 3 Stück)

untere Abspannseile (3 Stück)

unteres Rohr

Spannschlösser mit geschlossenen Ösen

Erdnägel oder Schraubanker

Schelle

Kippgelenk

Seilwindenbock mit Seilwinde

Abb. 50 b: Teleskopmast für kleine Windkraftanlagen.

stärkeren Rohrs über eine Umlenkrolle zum unteren Ende des inneren Rohrs geführt werden. Mit Hilfe einer Seilwinde lassen sich nun die ineinanderliegenden Mastabschnitte ausfahren. Damit die Rohre exakt geführt werden, ist am oberen Ende des äußeren Rohres und am unteren Ende des inneren je ein etwa 9 mm dicker Führungsring mit einem Durchgang für das Seil angeschweißt. Zum Fixieren der Rohre sind Stellschrauben im oberen Teil der äußeren Rohre in 50 - 60 cm Abstand vorhanden. Sollten sie sich trotz der Kontermuttern lockern, sorgen obendrein durch das innere Rohr gesteckte Bolzen dafür, daß die Konstruktion nicht zusammenfällt.

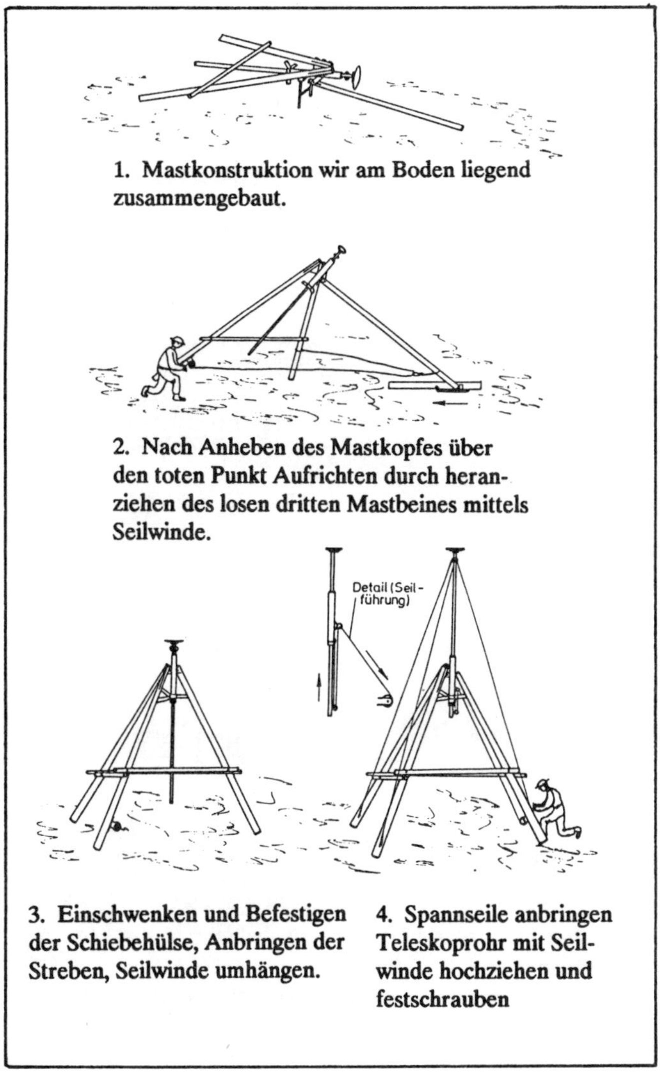

Mit 3 Rohrteilen à 3 m Länge lassen sich so 8 m Masthöhe erreichen, und zwar auf sehr elegante und platzsparende Weise. Die einzelnen Arbeitsschritte sind in Abb. 50 dargestellt und ausführlich erläutert. Für diesen Mast gibt es auch eine detaillierte Werkzeichnung, die gegen Erstattung von Porto- und Lichtpausgebühren angefordert werden kann bei:

Landtechnischer Verein in Bayern e.V., Vöttinger Str. 36, 8050 Freising.

Die verwendeten Rohre weisen Außendurchmesser von 165, 132 und 100 mm auf bei einer Wandstärke von 4 - 5 mm. Diese Rohrabmessungen sind für Windturbinen mit 1 - 2 kW Nennleistung ausgelegt, doch kann das Funktionsprinzip natürlich auch auf kleinere oder größere Anlagen übertragen werden.

1. Mastkonstruktion wir am Boden liegend zusammengebaut.

2. Nach Anheben des Mastkopfes über den toten Punkt Aufrichten durch heranziehen des losen dritten Mastbeines mittels Seilwinde.

Detail (Seilführung)

3. Einschwenken und Befestigen der Schiebehülse, Anbringen der Streben, Seilwinde umhängen.

4. Spannseile anbringen Teleskoprohr mit Seilwinde hochziehen und festschrauben

Abb. 51:
Arbeitsschritte beim Aufrichten eines Dreibein-Mastes mit Teleskoprohr.

7.3 Der dreibeinige Mast

Für alle die Fälle, wo eine Verankerung der Windkraftanlage mit dem Erdboden nicht möglich ist, oder wo sie zur Vermeidung eines Baugenehmigungsverfahrens umgangen werden soll, habe ich einen dreibeinigen Mast entworfen und in einer 10 m hohen Ausführung erprobt. Dieser Dreibein-Mast steht durch sein Eigengewicht ohne Fundamente auf dem gewachsenen Boden (Abb. 51) und hat obendrein noch den Vorteil, daß er ohne weiteres mit Hilfe eines üblichen Schlepper-Frontladers und einer Trommelseilwinde aufgerichtet und wieder umgelegt werden kann. Notfalls reicht anstelle des Frontladers sogar ein Wagenheber aus.

Abb. 52: Anheben der Mastkonstruktion mit Frontlader.

Abb. 53: Aufrichten der Mastkonstruktion mit Seilwinde.

Der Turm ähnelt einem Fotostativ und besteht im unteren Teil aus 3 Rundholzmasten oder Rohren, von denen zwei durch eine trapezförmige Stahlplatte am oberen Ende und durch eine Strebe im unteren Drittel fest verbunden sind. Bei der Montage liegen sie mit den Fußpunkten am Boden und mit der Spitze auf einer ca. 1 m hohen Unterstützung. Die Trapezplatte ist mit einer Schiebehülse aus Stahlrohr durch angeschweißte Flacheisen und durch einen Schraubbolzen gelenkig verbunden. Durch die Schiebehülse kann das Teleskoprohr mit ca. 1 mm Spiel gleiten und in der Endstellung mit Klemmbacken befestigt werden. Zur Montage wird der untere Teil des Teleskoprohres provisorisch mit der Strebe zusammengebunden.

Das dritte Mastbein wird ebenfalls gelenkig über ein starkes, an der Schiebehülse festgeschweißtes Flacheisen gelenkig befestigt, und zwar so, daß der Fußpunkt in die den anderen Masten entgegengesetzte Richtung zeigt.

Vor dem Aufrichten mit Hilfe einer Seilwinde muß die Mastspitze, an der möglichst auch schon der Windturbinen-Generatorkopf befestigt ist, auf ca. 2,5 m Höhe angehoben werden, z.B. mit einem Frontladerschlepper (Abb. 52), Mistbagger, oder notfalls auch durch mehrmaliges Ansetzen eines Wagenhebers, um den Totpunkt des Seilzuges zu überwinden. Steht keines dieser Hilfsgeräte zur Verfügung und sind die Mastfüße nicht zu schwer, läßt sich die Vormontage auch auf einer so hohen Unterstützung vornehmen, daß der Seilzug sofort greift. Die Seilwinde (oder notfalls auch ein Flaschenzug) wird an einem der mit der Trapezplatte fest verschraubten Mastfüße befestigt.

Das Zugseil wird dann über eine am losen Mastfuß gelenkig mit Seil oder Kette befestigte Umlenkrolle zum dritten Mastfuß geführt und dort befestigt. Bei Betätigung der Seilwinde wird nun der lose Mastfuß zu den zwei festen gezogen, wodurch sich die ganze Konstruktion aufrichtet

(Abb. 53). Ein provisorisch am Boden befestigter Balken sorgt dafür, daß der lose Mastfuß nicht seitlich ausweichen kann. Gut bewährt hat sich auch eine Gleitkufe (Spitze von einem alten Ski), die die Bodenreibung verringert und den Seilzug entlastet.

Wenn die richtige Position erreicht ist, kann das Teleskop in die Mitte geschwenkt und der lose Mastfuß am oberen Ende fest mit der Schiebehülse verschraubt werden. Sodann werden die oberen und unteren Streben angebracht, die dem Dreibein die endgültige Stabilität verleihen. Zum Schluß wird die Seilwinde so an einem Mastfuß befestigt, daß das Zugseil zum Ausfahren des Teleskoprohres angelegt werden kann. Auch hier ist eine Umlenkrolle sehr praktisch, um eine Flaschenzugwirkung (Verdoppelung der Seilwindenzugkraft) zu erreichen. Schon vor dem Ausfahren des Teleskopes werden die 3 vorbereiteten Spannseile an den oberen und unteren Punkten angebracht, die sich in der Endstellung des Teleskoprohres straffen. Zum Schluß

wird das Teleskoprohr mittels Klemmschrauben mit der Schiebehülse fest verschraubt und so der Seilzug entlastet.

Grundsätzlich könnte die Windturbine komplett montiert werden, wenn die Mastkonstruktion noch in Bodennähe liegt. Es empfiehlt sich aber, die empfindlichen Flügel von einer Leiter aus erst dann anzubringen, wenn der untere Teil der Mastkonstruktion steht, also bevor das Teleskoprohr hochgezogen wird.

Die größtmögliche Standsicherheit dieser Konstruktion ist dann gegeben, wenn das Dreibein so aufgerichtet wird, daß ein Mastfuß entgegen der Windrichtung mit den höchsten Geschwindigkeiten - bei uns vor allem Südwest bis Nordwest - zu stehen kommt. Gegebenenfalls kann die Standsicherheit durch Anbringen von Betongewichten an den gefährdeten Mastfüßen erhöht werden, ohne das Prinzip der nicht mit dem Erdboden verankerten Mastbauweise zu verlassen.

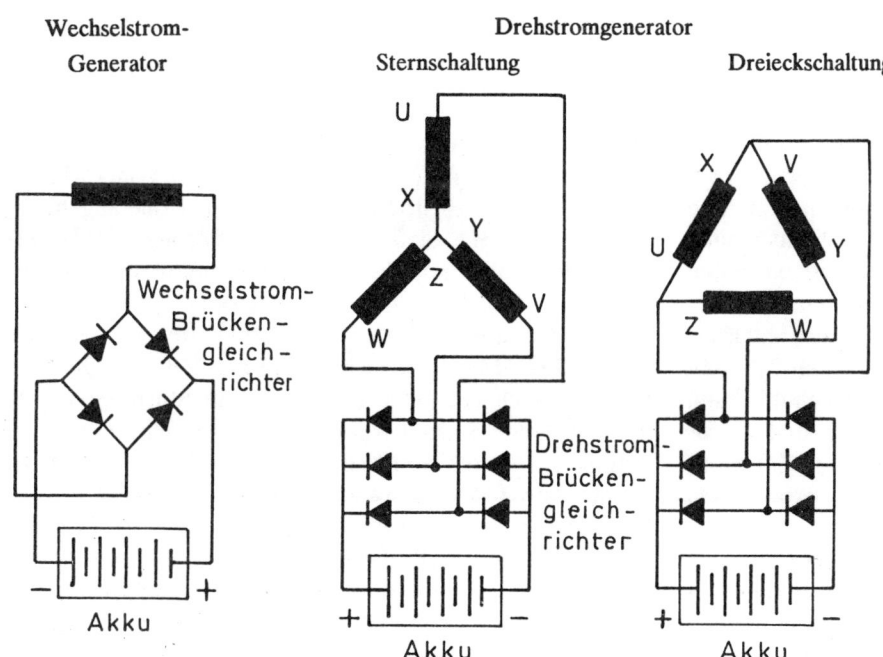

Abb. 54:
Brückengleichrichter für Wechsel- und Drehstromgeneratoren.

8. Zubehör

Mit dem Aufrichten des Windgenerators ist der Aufbau einer eigenen Stromversorgung allerdings noch nicht abgeschlossen. Um den Windstrom zu transportieren, zu speichern und sinnvoll zu nutzen, sind weitere Teile notwendig, von denen die wichtigsten hier behandelt werden sollen.

8.1 Gleichrichter

Alle mir bekannten, handelsüblichen Windgeneratoren arbeiten mit Wechsel- oder Drehstromgeneratoren, da sie gegenüber Gleichstrom-Generatoren gewisse Vorzüge haben. Um den Windstrom jedoch speichern zu können, d.h. um eine Batterie damit zu laden, muß der Wechselstrom zunächst in Gleichstrom umgeformt werden, was jedoch ohne großen Aufwand mittels eines »Gleichrichters« möglich ist. Alle Gleichrichter sind aus einer oder mehreren Dioden aufgebaut: Dioden sind elektrische Bauteile, die den Strom in einer Richtung fließen lassen, während der Stromfluß in der entgegengesetzten Richtung gesperrt ist. Damit kann die wechselnde Polarität (= Wechselspannung) an den Eingangsklemmen des Gleichrichters in eine pulsierende Gleichspannung mit + und - Polen umgewandelt werden.

Leider arbeiten auch die Dioden nicht ganz ohne Verluste. Da eine Diode erst ab einer bestimmten *Durchlaßspannung* (0,7 V bei Siliziumdioden, 0,3 V bei Schottky-Dioden) öffnet, tritt ein Spannungsverlust auf. Dieser Spannungsabfall, multipliziert mit dem fließenden Strom, ergibt die sogenannte *Verlustleistung*, d.h. die Leistung, die in der Diode in Wärme umgesetzt wird und verloren geht. Bei höheren Strömen kann es daher zu einer fühlbaren Erwärmung der Diode kommen.

Bei der Auswahl von Dioden für den Gleichrichterbau sind außerdem folgende Kennwerte zu beachten, die den einschlägigen Datenblättern entnommen werden können:

- Die *Spitzensperrspannung*, bis zu der kein Durchbrennen der Diode zu befürchten ist, muß größer sein als die größte jemals von Generator erzeugte Spannung. Hier gilt es einerseits zu berücksichtigen, daß der Spitzenwert einer sinusförmigen Spannung das 1,4 fache der effektiven Spannung, wie sie von normalen Meßgeräten angezeigt wird, ausmacht, und andererseits, daß die Leerlaufspannung des Generators sehr hohe Werte annehmen kann.

- Die zulässige *Dauerstromstärke* und die *Anschlußspannung* für Dauerbelastung der Diode müssen größer sein als die im Betrieb auftretenden Belastungen.

Für hochwertige, verlustarme Gleichrichter werden wegen der niedrigen Durchlaßspannung von 0,3 V stets Schottky-Dioden verwendet, die allerdings merklich teurer sind als normale Silizium-Dioden. Abb. 54 zeigt, wie 4 handelsübliche Dioden zu einem Wechselstrom-Brückengleichrichter zusammengeschaltet werden. Für einen Drehstrom-Gleichrichter werden 6 Dioden benötigt.

Andererseits sind die sehr preiswerten, montagefertigen Silizium-Brückengleichrichter auch durchaus brauchbar, allerdings nicht so verlustarm wie solche mit Schottky-Dioden. So kostet ein Wechselstrom-Brückengleichrichter mit 100 V Spitzensperrspannung, 40 V Anschlußspannung und 10 A Dauerstrom im Elektronik-Handel etwa 6 DM und einer für 25 A Dauerstrom nur etwa 8 DM - und damit ungefähr genauso viel wie eine einzelne Schottky-Diode mit entsprechenden Leistungsdaten. Für eine Drehstromschaltung werden 2 Wechselstrom-Brückengleichrichter benötigt.

Beim Kauf einer kompletten Windkraftanlage ist es in der Regel nicht nötig, sich um einen passenden Gleichrichter zu kümmern, da dieser entweder am Generator oder in der elektronischen Ladestation eingebaut ist. Da hier aber oft die billigen Siliziumgleichrichter eingesetzt sind, tauschen Leute, die ein Maximum an Energie aus ihrer Anlage herausholen wollen, diese gegen einen Gleichrichter aus Schottky-Dioden ein. Dadurch läßt sich die Leistung in 12 V-An-

lagen etwa um 3%, in 24 V-Anlagen etwa um 1,5%, jeweils bezogen auf die momentane Anlagenleistung, steigern.

8.2 Akkumulatoren

Mit Ausnahme der Windpumpen sind alle in dieser Schrift behandelten Windkraftanlagen auf einen Akku angewiesen. Er hat drei sehr wichtige Aufgaben:

- Speicherung der Energie für windarme Perioden.
- Kurzzeitige Bereitstellung größerer Strommengen, die die Windkraftanlage nicht liefern kann.
- Stabilisierung bzw. Konstanthaltung der gewählten Systemspannung.

Wie nötig der Akku ist, merkt jeder, der an sein gerade installiertes Windrad einmal ein der Nennspannung entsprechendes Lämpchen anschließt, um nur zu probieren, ob auch Strom fließt: bei schwachem Wind glüht es nur ganz wenig und bei stärkerem brennt es sofort durch! Und da die dezentrale Wasserstofftechnologie für den allgemeinen Gebrauch leider noch nicht weit genug entwickelt ist, bleibt vorerst nur der Akku, landläufig auch als Batterie bezeichnet, als Stromspeicher übrig.

Welche Kapazität wird benötigt?
Für unsere Windgeneratoren sind Akkus ab ca. 30 Ah Kapazität geeignet. Die Auswahl der richtigen Größe ist nicht leicht. Ist der Akku zu klein, kann er das stark wechselnde Windenergieangebot nicht gut nutzen und bei einem zu großen fallen die Wirkungsgrad- und Selbstentladeverluste zu stark ins Gewicht. Außerdem gilt es zu berücksichtigen, daß große Akkumulatoren auch eine hohe Ansprechschwelle haben, das heißt, daß schwache Ströme noch keine Ladung bewirken, sondern allenfalls die Selbstentladerate verringern.
Leider ist es nicht möglich, hier allgemeingültige Regeln für die Bemessung der Akkugröße zu geben, da die örtlichen Windverhältnisse und anwendungsspezifische Stromver-

bräuche außerordentlich großen Schwankungen unterliegen. Die praktische Erfahrung hat aber gezeigt, daß in Mitteleuropa die Speicherkapazität für den Energiebedarf von mindestens einer Woche bemessen werden sollte, wenn eine hohe Versorgungssicherheit gefordert wird und als Energiequelle nur die Windkraftanlage zur Verfügung steht. Von extrem windgünstigen Standorten abgesehen, ist daher oft die Kombination der Windturbine mit einem Solargenerator eine technisch und wirtschaftlich sinnvolle Lösung. Die vor allem im Sommer auftretenden längeren Windflauten können damit gut überbrückt werden.
Um eine Unterdimensionierung der Akku-Kapazität zu vermeiden (sie würde bei Bleiakkus zu einer Zerstörung infolge zu hoher Ladeströme bei Sturm führen), kann folgende Faustregel zur ganz groben Abschätzung empfohlen werden:

- Ermittlung der Stromstärke, die bei Nennleistung der Windturbine erzeugt wird.
- Die Multiplikation dieser Stromstärke mit 10 ergibt die Mindestkapazität des Akkus in Ah.

Bei einer 24 V-Windkraftanlage mit 200 W Nennleistung ergibt die Beispielrechnung:
200 W : 24 V = 8,33 A;   8,33 A x 10 h = 83 Ah.

Bei vollem Akku steht damit ein Energievorrat von knapp 2 kWh zur Verfügung, was häufig ausreicht, um erste Erfahrungen zu sammeln. Zeigt sich dann, daß mehr Kapazität benötigt wird, läßt sie sich durch Parallelschalten weiterer Akkus nachträglich verdoppeln oder gar verdreifachen. Aber Achtung: es ist nicht empfehlenswert, einen Bleiakku, der schon ein oder zwei Jahre in Betrieb war, mit einem neuen Akku gleichen Typs parallelzuschalten. Durch die Alterung und den damit verbundenen Kapazitätsverlust des ersten Akkus könnte es zu ungleichmäßiger Ladung und Entladung kommen.
Ingenieurbüros, die mit Hilfe von Computerprogrammen bei bekannten Windverhältnissen und Verbrauchsprofilen die Akkukapazität errechnen, werden meine Faustregel primitiv finden, aber sie soll ja auch nur einen groben Anhaltswert liefern, um den Bleiakku vor zu hohen Lade-

stromstärken zu schützen. Bei den robusteren offenen NiCd-Akkus, die eine Volladung innerhalb von 5 Stunden vertragen, könnte der gefundene Mindestwert für die Kapazität sogar halbiert werden; doch reichen die so errechneten Kapazitäten in der Praxis nur in seltenen Fällen aus, um die Verbraucher einigermaßen gleichmäßig zu versorgen.

Das Parallelschalten von Akkus zum Erreichen einer größeren Kapazität oder zur späteren Erweiterung ist übrigens nur bei neuwertigen oder gleichwertigen offenen NiCd-Typen unkritisch. Zwar berichten immer wieder Praktiker davon, daß auch die Parallelschaltung von gleichartigen Bleiakkus »funktioniert«, doch besteht selbst bei Akkus gleicher Bauart und Kapazität infolge kleiner, fertigungsbedingter Unterschiede immer ein wenig die Gefahr des Überladens einzelner Zellen bzw. Akkus, die im Laufe der Zeit schwerwiegende Folgeschäden wie z.B. erhöhte Selbstentladung oder die Zerstörung eines Akkus nach sich ziehen können. Hier ist es besser, die Einzelakkus getrennt zu laden und zu entladen, was z.B. der von Schoder entwickelte Laderegler (vgl. Kapitel 8.3) automatisch steuern kann.

Welcher Akku ist der richtige?

Wie viele andere Windradbesitzer auch habe ich zuerst mit Blei-Starterakkus (Autobatterien) angefangen, um nach zwei Jahren festzustellen, daß sie für die Ansprüche einer Wind- und Solarstromversorgung nicht gut geeignet sind. Die geringe Lebensdauer, die hohe Selbstentladerate und die Empfindlichkeit gegenüber Tiefentladen können trotz des relativ niedrigen Preises auf Dauer nicht akzeptiert werden. Wer seinen Windstrom optimal nutzen will oder sogar dringend darauf angewiesen ist, ist mit den normalen Starterakkus nicht gut bedient.

Solar-Akkus sind modifizierte Bleitypen mit verringerter Selbstentladung und verbessertem Wirkungsgrad. Es gibt sie in wartungs*ärmer* Ausführung mit Verschlußkappen und wartungs*freier*, verschlossener Ausführung. Letztere hat den Nachteil, daß die Ladeschlußspannung exakt eingehalten werden muß und eine Entladetiefe unter 50% vermieden werden sollte. Werden diese Bedingungen eingehalten, können sie eine Nutzungsdauer von ca. 500 Zyklen erreichen. Dieser Batterietyp ist ein Kompromiß zwischen den

relativ billigen Starterakkus und den teuren ortsfesten Ausführungen und wird von Leuten gewählt, die eine Übergangslösung für 3 - 5 Jahre suchen.

Stationäre Bleiakkus wie Bloc- und OPzS-Typen sind zwar in der Anschaffung teuer, aber durch ihre lange Lebensdauer von 10 - 15 Jahren (bis zu 3.000 Zyklen) und die guten Wirkungsgrade sowie geringe Selbstentladung auf Dauer preiswert (Abb. 55). Sie sind außerdem wartungsarm und für Tiefentladung und kleine Ladeströme besser geeignet als andere Bleibatterien. OPzS-Akkus werden in Einzelzellen, Bloc-Akkus auch in 4- und 6-Volt-Blöcken geliefert.

Bei einer von uns durchgeführten Ausschreibung für Photovoltaikanlagen wurden Bleibatterien mit 24 V und 10-stündiger Entladung zu folgenden Preisen angeboten:

- Typ »Solar«: 6,12 - 8,60 DM je Ah Speicherkapazität
- Typ »OPzS« oder »Bloc«: 7,80 - 20,21 DM je Ah.

Es lohnt sich also gerade bei den teuren Ausführungen, verschiedene Angebote einzuholen.

Abb. 55: Stationäre Bleibatterie Varta bloc.

Offene, für stationäre Zwecke geeignete *Nickel-Cadmium-Akkus* sind noch teurer als stationäre Bleibatterien, können aber zuweilen sehr günstig gebraucht erworben werden (Abb. 56). Sie sind wesentlich robuster und haltbarer als Bleiakkus und unempfindlicher gegen Überladen, Tiefentladen und kurzzeitige, sehr hohe Ladeströme. Außerdem ist ihre Spannungslage stabiler, weshalb sie vor allem zur Notstromversorgung von Großcomputern eingesetzt werden. Sie werden in Einzelzellen mit 1,2 V Nennspannung geliefert, die Ladeschlußspannung liegt bei diesen »offenen« Typen bei 1,7 V. Hauptnachteil ist der gegenüber Bleiakkus etwas niedrigere Wirkungsgrad. Bisher wurden NiCd-Akkus vorwiegend mit Taschen- oder Sinterelektroden gebaut. Neuerdings bietet die Fa. Hoppecke auch eine sehr interessante Ausführung mit Faserelektroden an, die relativ preiswert ist und noch bessere Eigenschaften hat.

Wolfgang Jürgensmeyer aus Bermatingen betreibt zur Erprobung einen solchen Akkusatz in Verbindung mit einem Chinesischen Volkswindrad und Solargenerator. Er hat bisher sehr gute Erfahrungen gesammelt.

Viele Mitglieder der Deutschen Gesellschaft für Windenergie - so wie auch ich - arbeiten seit über 10 Jahren mit gebrauchten NiCd-Akkus (U-Boot-Batterien), die hin und wieder günstig angeboten werden. Sie waren beim Kauf schon etwa 25 Jahre alt, halten aber mit Sicherheit nochmal so lange. Es gibt nur eines, was diese robusten Akkus irreparabel schädigt: Trockenstehen ohne Elektrolyt. Durch Elektrolytwechsel (Kalilauge) und Spülen mit Wasser lassen sich schwachgewordene Zellen leicht wieder verjüngen.

Blei- und NiCd-Akkus sind bei Umweltschützern in Verruf geraten, weil sie giftige Schwermetalle enthalten, die in die Umwelt gelangen könnten. Heute bestehen jedoch praktikable Möglichkeiten, Akkus dieser Größe einem Recyclingprozeß zuzuführen und die Schwermetalle vollständig wiederzuverwenden, so daß Bedenken in dieser Richtung meines Erachtens ausgeräumt sind.

Abb. 56:
Diese offene Nickel-Cadmium-Batterie mit 115 Ah Kapazität lief 25 Jahre in U-Booten und seit 15 Jahren bei mir. Ein Ende ihrer Lebensdauer ist immer noch nicht abzusehen. Sie wird hier probehalber mit Solargeneratoren geladen.

8.3 Laderegler

Nur offene NiCd-Akkus ausreichender Größe »vertragen« den Strom aus einer Windkraftanlage direkt und ohne Regelung, sofern ein entsprechender täglicher Verbrauch erfolgt. Ein gelegentliches Überladen schadet diesen Akkus nicht, wenn nur das vergasende Wasser rechtzeitig ergänzt wird. Ebenso darf dieser Akku bis zur vollständigen Entleerung tiefentladen werden, was für jeden Bleiakku äußerst schädlich wäre. Deshalb wird in Verbindung mit Bleiakkus ein Laderegler benötigt, der zwischen Generator und Batterie geschaltet für die Einhaltung der elektrischen Grenzwerte des Akkus (Ladeschluß- und Entladeschlußspannung) sorgt.

Laderegler werden heute in außerordentlich unterschiedlichen Größen-, Funktions- und Preisklassen angeboten. Die einfachsten, billigsten und kleinsten Ausführungen gibt es im Elektronik-Versand für 12 Volt Nennspannung und 4 A Belastung als Selbstbausatz für ca. 20 DM und als anschlußfertiges Gerät für ca. 60 DM. Sie messen die Akkuspannung und schalten die Verbindung zum Akku bei Überschreiten der Ladeschlußspannung (bei 12 V-Bleiakkus ca. 14,2 V) ab und bei Unterschreiten wieder an. An 2 oder 3 Leuchtdioden ist gleichzeitig erkennbar, ob gerade geladen wird bzw. ob der Akku voll oder leer ist. Doch Vorsicht: manche »Solar-Laderegler«, und zwar gerade die besseren, sind für Windkraftanlagen ungeeignet, weil sie die Stromzufuhr bei voller Batterie durch Kurzschluß des Generators abschalten (Shunt-Regler), was bei einem Solargenerator vorteilhaft ist, der Windkraftanlage aber sehr wohl schaden kann.

So wie der Laderegler gegen Überladen schützt, kann auch gegen schädliches Tiefentladen von Bleiakkus eine *Tiefentladeschutz-Schaltung* eingesetzt werden. Analog zur Funktion des Ladereglers mißt eine Elektronik die Akkuspannung und trennt bei Unterschreiten einer einstellbaren Mindestspannung (der Entladeschluß-Spannung, bei Bleiakkus 10,8 V) die Verbindung zwischen Akku und Verbraucher. Steigt die Spannung durch Laden wieder an (z.B. auf 11 oder 12 V), werden die Verbraucher über ein Leistungsrelais wieder zugeschaltet. Einbaufertige Geräte (»Akku-Wächter«) für 12 V und 15 A sind ab etwa 100 DM erhältlich.

Aufwendigere Laderegler, die ab etwa 250 DM angeboten werden, bieten Schutz gegen Überladen und Tiefentladen in einem Gerät. Einige gehen über diese Grundfunktionen noch hinaus und schalten den Generator vom Akku nicht plötzlich, sondern in Intervallen ab, um einen möglichst hohen Ladezustand zu erreichen oder gar eine Erhaltungsladung weiterzubetreiben. Auch gibt es Ausführungen, die eine Vorrangschaltung der Verbraucher ermöglichen, das heißt, die weniger wichtigen werden zuerst abgeworfen und die lebensnotwendigen zuletzt.

Neben einem Laderegler, der nur Leuchtdioden zur Erkennung des momentanen Betriebszustandes hat, sollten möglichst auch Meßinstrumente zum Ablesen der Batteriespannung sowie der Lade- und Entladestromstärke vorgesehen werden.

Bei einigen Windkraftanlagen, wie dem Rutland FM 180 und den von Harbarth aus China importierten Geräten, sind passende Laderegler im Lieferumfang enthalten. Sie schalten den Generator bei voller Batterie auf Lastwiderstände um, um den Leerlauf des Rotors mit seinen hohen Drehzahlen (besonders bei Sturm) zu vermeiden. Außerdem sind in diesen Geräten Brückengleichrichter und Sicherungen integriert.

Neuerdings werden auch vollelektronische Regelstationen für besondere Ansprüche angeboten. Zwei Beispiele, die mir aus eigener Erfahrung bekannt sind, sollen hier angeführt werden:

- Die Solavent-Hochleistungsregelstation für 12 und 24 V hat zwei Eingangskanäle für Solar- und Windstrom, die mit insgesamt 45 A belastet werden können. Auf einem Display können jeweils Spannung und Stromstärke des Solar- und Windgenerators sowie die Akkuspannung und die Restkapazität des Akkus mit Hilfe von Tasten abgerufen werden. Außerdem wird eingeblendet, ob

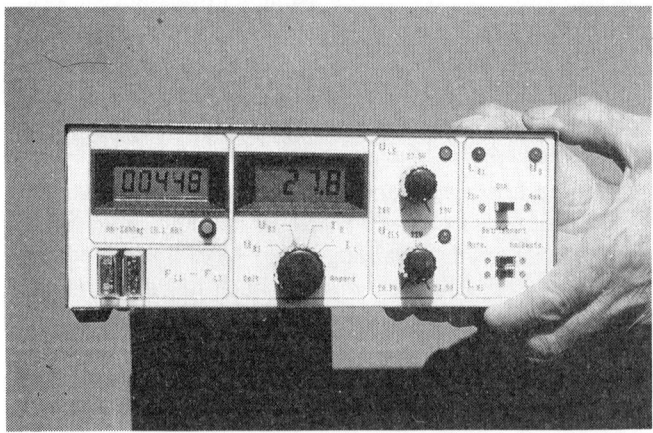

Abb. 57:
Schoder-Ladestation mit Amperestundenzähler, Digitalanzeige für Batteriespannung und Ladestromstärke, Überlade- und Tiefentladeschutz sowie Umschalten auf Zweitbatterie.

momentan ein Ladestrom vom Solar- oder Windgenerator fließt und ob der Akku voll oder leer ist. Der Preis für dieses Gerät liegt bei ca. 1.300 DM.

- Das Ing.-Büro Schoder in Rain am Lech baut »Komfort-Ladestationen« (Abb. 57), je nach Anforderung mit unterschiedlichen Funktionen. Hier gibt es auch eine Ausführung, bei der sowohl die Stromquelle als auch der Verbraucherkreis automatisch von einem Akku auf einen anderen geschaltet wird.

Das inzwischen serienmäßig hergestellte Standardgerät WS 216 hat 2 Eingangskanäle (z.B. einen für Sonne und einen für Wind) mit je 16 A zulässigem Ladestrom; es regelt den Ladevorgang und sorgt für den Tiefentladeschutz (mit der Möglichkeit einer Notstromversorgung). Auf einem LCD-Display können die in den Akku geladenen Amperestunden abgelesen und auf einem Multimeter-Display die Akkuspannung, die beiden Ladeströme und zwei Entladeströme abgerufen werden. Außerdem kann die Umschaltmöglichkeit auf eine Zweitbatterie oder einen Widerstand entweder automatisch oder von Hand gewählt werden. Das Gerät gibt es in 2 Ausführungen, für 12 V und 0,4 kW Maximalleistung sowie für 24 V und 0,8 kW Spitzenleistung mit einer Ausbaumöglichkeit bis 1,6 kW. Der Komplettpreis liegt bei ca. 970 DM, es sind aber auch Sparausführungen ohne Amperestundenzähler oder Multimeter (je ca. 800 DM) und ohne beides (ca. 650 DM) lieferbar.

Gegen Aufpreis ist außerdem eine Ausführung lieferbar, die nach dem U-I-Lade-Verfahren arbeitet; durch einen gepulsten Lastwiderstand kann das Windrad bei vollem Akku stufenlos belastet werden, so daß nur ein geringer Strom zur Ladungserhaltung in den Akku fließt. Dadurch wird weder das Anlaufverhalten noch die mechanische Sturmregelung negativ beeinflußt.

Ganz neu (ab Juli '91) ist eine Ausführung mit »Gasungssteuerung«, die dafür sorgt, daß Bleibatterien kurzzeitig gezielt zum »Kochen« gebracht werden, um den Elektrolyten immer wieder einmal zu durchmischen und so die bei stationären Batterien gefürchtete kapazitätsmindernde Säureschichtung zu vermeiden.

8.4 Stromzähler

Stromzähler können sehr nützlich sein, um eine Kontrolle über die in den Akku geladenen Strommengen zu haben und den Verbrauch entsprechend anzupassen. Wattstundenzähler, die nicht nur die Stromstärke, sondern auch die Schwankungen der Batteriespannung berücksichtigen, sind für Gleichstrom kaum erhältlich und sehr teuer. Für überschlägige Messungen reichen aber auch Amperestundenzähler aus. Ein sehr preiswertes Gerät mit mechanischem Zählerwerk und 0,1 A Ablesegenauigkeit für 20 A Belastung hat Conrad Elektronik auf meine Anregung herausgebracht. Ich habe den ersten Prototypen fast ein Jahr lang mit guten Erfahrungen getestet. Für etwa 80 DM ist jetzt ein kompletter Selbstbausatz einschließlich Gehäuse erhältlich.

Das schon erwähnte Ing.-Büro Schoder bietet Amperestundenzähler mit LCD-Display zu einem Preis von ca. 140 DM an, und zwar einbaufertig, aber ohne Gehäuse. Mit zwei Geräten mache ich zur Zeit Vergleichsmessungen zwischen dem FM 180 und dem D.300-24.

Unter dem Namen Batterie-Controller DCC 2000 ist ein fertiges Gerät im Fachhandel (z.B. bei GWU) erhältlich, das den gewonnenen und verbrauchten Strom bilanziert, wobei die Ladestrommenge mit 90% bewertet wird. Außerdem können die Lade- und Entladestromstärke sowie die Batteriespannung digital abgelesen werden. Über auswechselbare Meßwiderstände kann ein maximaler Laststrom von 60 bis 600 A eingestellt werden. Bei einem Preis von ca. 700 DM erscheint dieses Gerät jedoch recht teuer. Zwei normale Amperestundenzähler für Lade- und Verbraucherstrom sowie zwei Amperemeter und ein Voltmeter (eventuell als Kombi-Instrument) würden denselben Zweck erfüllen.

8.5 Blitzschutz

Windkraftanlagen sind durch Blitzschlag gefährdet, vor allem, wenn sie - was ja der Fall sein sollte - frei stehen und über Gebäude oder Bäume hinausragen.

Obering. Erwin Moreis aus München, der im Laufe seiner früheren Tätigkeit bei Siemens Nachrichtentechnik viele Erfahrungen mit dem Blitzschutz von Gleichstromanlagen sammeln konnte, hat mir dankenswerterweise das Wichtigste über Blitzschutzmaßnahmen bei Windkraft- und Solarstromanlagen zusammengestellt, das ich im folgenden wiedergebe.

Schutz vor Überspannungen

Ist die Generator- bzw. Verbraucherspannung nicht einseitig geerdet, so wirkt das gesamte gegen Erdpotential isolierte System wie ein Kondensator und wird sich je nach Nähe und Stärke einer Blitzentladung auf einige Kilovolt (kV) aufladen. Damit besteht Gefahr für Personen und elektrische Bauteile.

Durch Anlegen von Erdpotential (Erdung) an einen Pol des Systems wird ein sicheres Ableiten der Induktionsspannung erzwungen. Bei Drehstromsystemen ist der Sternpunkt, bei Gleichstromsystemen aus galvanischen Gründen (Korrosionsgefahr) der Pluspol zu erden, unabhängig von der jeweils vorhandenen Spannungshöhe.

Schutz der Anlage bei direktem Blitzeinschlag

Im Blitz wurden Ströme von einigen Millionen Ampere mit einem breiten Frequenzspektrum gemessen. Daraus ergibt sich zwangsläufig, daß eine Blitzschutzanlage diesen Strom möglichst niederohmig und induktionsarm zur Erde ableiten muß. Den idealen Schutz bietet immer noch der Faraday'sche Käfig, in moderner Form z.B. die Blechkarosserie eines Autos, oder in unserem Fall ein Metallrohr, über dessen Oberfläche der Blitzstrom abfließt, ohne die im Innern befindlichen Bauteile oder Leitungen induzieren zu können. Ist eine Verlegung im Metallrohr zwischen Erzeuger- und Verbraucherseite nicht möglich, so sollten wenigstens zwei verzinkte Blitzschutzbandeisen mit einem Querschnitt von jeweils 30 x 3,5 mm zwischen Generator und Verbraucherseite den Schutz übernehmen.

Bei der Windkraftanlage selbst müssen Kippachsen durch flexible Flachkupferlitzen mit mindestens $150\,mm^2$ Querschnitt überbrückt werden. Der Rotorkopf ist am Rotorhauptlager über einseitig angebrachte Bronzebürsten mit dem geerdeten Mast zu verbinden. Diese Bronzebürsten liegen elektrisch parallel zu den jeweiligen Kugel oder Rollenlagern und verhindern Schmorstellen bei Blitzdurchgang, die zu Lagerausfällen führen würden.

Schutz von Solarstromanlagen

Die Verbindung zwischen den Solarmodulen auf der einen Seite und der Batterie einschließlich Regler und Verbraucher auf der anderen Seite muß grundsätzlich in einem geerdeten Metallrohr erfolgen. In Anlagen ohne dieses Schutzrohr ist es bereits wiederholt zu Schäden auf der Regler- und Verbraucherseite infolge Blitzschlag gekommen.

8.6 Kabel

Da Windkraftanlagen eine windgünstige, freie Lage brauchen, können sie oft nicht in unmittelbarer Nähe des Verbrauchsortes installiert werden. Um nun einen zu starken Spannungsabfall und damit Leistungsverluste zwischen Generator und Batterie zu vermeiden, müssen für den Stromtransport ausreichend dimensionierte Kabel eingesetzt werden. Die nötigen Kabelquerschnitte sind von der Länge des Kabels und den übertragenen Leistungen abhängig; sie lassen sich berechnen, wenn ein bestimmter maximaler Leistungsverlust (ausgedrückt in % der übertragenen Leistung) zugelassen wird, der auf jeden Fall unter 10% liegen sollte.

An den wenigen, in der folgenden Tabelle genannten Kabelquerschnitten läßt sich schon ablesen, wie stark der Querschnitt bei handelsüblichen Kupferkabeln von der Belastung und der Länge abhängt, wenn ein Spannungsabfall von höchstens 1 V zugelassen wird. 1 Volt Spannungsabfall entspricht etwa 8% Leistungsverlust bei einer 12 V-Anlage und ca. 4% bei 24 V (nach Wismeth: Photovoltaik-Handbuch).

| Leitungslänge | Belastung | | | | |
m	6 A	12 A	18 A	24 A	30 A
10	2,5 mm²	6 mm²	10 mm²	10 mm²	16 mm²
20	6 mm²	10 mm²	16 mm²	25 mm²	25 mm²

Größere Entfernungen führen vor allem bei leistungsstarken Windkraftanlagen im Niederspannungsbereich zu sehr großen Kabelquerschnitten, die oft schwer zu beschaffen und obendrein teuer sind. Bis zu einem gewissen Grad bietet das Parallelschalten mehrerer Kabel einen Ausweg. Billiger und besser ist es jedoch, sich bei den Bauhöfen der Energieversorgungsunternehmen gebrauchte Aluminium-Hochspannungskabel mit 20 - 25 mm Durchmesser zu besorgen und diese entweder als Freileitung zu verlegen oder mit PE-Rohr zu überziehen und im Boden zu vergraben. Müssen sehr große Entfernungen überbrückt werden, hilft irgendwann auch diese Lösung nicht mehr weiter. Dann bleibt nur noch die Möglichkeit, den noch nicht gleichgerichteten Wechsel- oder Drehstrom an der Windturbine mit einem Trafo auf eine höhere Spannung von z.B. 100 bis 200 V zu bringen und ihn an der Batterie wieder heruntertransformieren. Die dabei auftretenden Trafo-Verluste müssen in Kauf genommen werden.

8.7 Windmeßgeräte

Obwohl die genaue Kenntnis der aktuellen Windgeschwindigkeit für den Betrieb einer Windkraftanlage nicht unbedingt erforderlich ist, interessieren sich viele Leute für entsprechende Meßgeräte, um auch einmal festzustellen, was die eigene Anlage bei verschiedenen Windverhältnissen leistet. Denn das Schätzen der Windgeschwindigkeit nach der Beaufort-Skala führt in diesem Fall nicht zu befriedigenden Ergebnissen.

Abgesehen von den ganz einfachen Windmessern, die es im Gartenfachhandel gibt und bei denen eine an einer Stange hängende, leichte Kunststoffkugel vom Wind an einer Skala hochgedrückt wird, arbeiten fast alle ernstzunehmenden Geräte mit einem *Schalenkreuz-Anemometer* (Abb. 58), das sich ähnlich wie der Savonius-Rotor als Widerstandsläufer unabhängig von der Windrichtung dreht. Die Drehzahl steigt linear mit der Windgeschwindigkeit, daher kann die Drehbewegung direkt auf einen Tachogenerator (liefert drehzahlproportionale Spannung), auf einen elektronischen Impulsgeber (drehzahlproportionale Frequenz) oder auf einen mechanischen Tacho (wie im Auto) mit Skala und/oder Schreibwerk übertragen werden.
Große Unterschiede gibt es im *Anlaufverhalten* der Anemometer, wobei die Schalengröße, der Durchmesser und die Art der Drehgeschwindigkeitsmessung eine Rolle spielen. Kleine Anemometer mit ca. 30 mm Schalendurchmesser und 10 - 15 cm Außendurchmesser, wie sie an vielen Windgeschwindigkeitsmessern verwendet werden, laufen erst bei ca. 1 - 1,5 m/s an, wenn sie einen Tachogenerator zur Spannungsmessung oder gar eine Mechanik antreiben müssen. Wird nur ein elektronischer Impuls erzeugt, wie bei dem neuen »Windy«-Handwindmesser, erfolgt ein Anlaufen schon bei ca. 0,5 m/s. Größere Präzisionsanemometer mit ca. 30 cm Ø, wie sie beispielsweise die Meßgerätefirma Thies herstellt, beginnen schon bei ca. 0,2 m/s anzulaufen. Außerdem gibt es Unterschiede in Betrieb und Meßwertdarstellung.

Handwindmesser werden von Hand gehalten, direkt abgelesen und geben die momentane Windgeschwindigkeit an. Sehr bekannt und bei Seglern, Surfern und Drachenfliegern beliebt ist der mechanische Anemo-Windmesser, weil er vier Skalenbereiche für m/s, km/h, Knoten und Beaufort hat. Das Gerät wird zum Preis von 175 - 189 DM gehandelt. Neu ist »Windy«, ein *elektronisches Handmeßgerät*, das mit einer 9 V Blockbatterie betrieben wird und digital anzeigt (Abb. 59). Es ist umschaltbar auf die Anzeige in m/s und Knoten. Das beleuchtete Display schaltet sich automatisch ein, wenn sich das Schalenkreuz dreht und bei Stillstand wieder aus. Für 178 DM habe ich mir dieses praktische Gerät spontan auf der Messe »Caravan und Boot 91« in München gekauft.

Windmeßgeräte mit Fernanzeige wünschen sich viele Betreiber von Windkraftanlagen, um den Schalenkreuzgeber in Nähe der Windturbine anzubringen, aber im Wohnzimmer oder an der Batteriestation die Windgeschwindigkeit ablesen zu können. Hier werden natürlich durch den Dauerbetrieb im Freien ganz andere Anforderungen an Materialqualität und Stabilität gestellt als bei den immer nur kurzzeitig eingesetzten Handgeräten. Ein mit 239 DM relativ

preiswertes, aber durch die Verwendung von halbierten Tischtennisbällen für das Schalenkreuz leider nicht sehr witterungsbeständiges Gerät hatte die Fa. Harbarth bis 1990 im Vertrieb. Wer heute etwas Vergleichbares für den Dauerbetrieb anschaffen möchte, muß schon wesentlich tiefer in die Tasche greifen. So kostet Anemo 7, bestehend aus Schalenkreuz mit Tachogenerator, 15 m Kabel und wasserdichtem, witterungsbeständigem Anzeigegerät ca. 480 DM. Leider hat es nur Skalen für Beaufort und Knoten.

Abb. 58:
Lambrecht Schalenkreuzanemometer mit Windrichtungsgeber. Das dreiflügelige Anemometer treibt einen Tachogenerator an, der eine Gleichspannung (2 V bei 35 m/s Windgeschwindigkeit) erzeugt. Diese Spannung ist linear zur Windgeschwindigkeit und kann entweder zu einem für dieses Anemometer passenden Anzeigegerät, oder an Hand der mitgelieferten Kennlinie auch zu einem üblichen Multimeter verwendet werden. Die Anlaufwindgeschwindigkeit liegt bei 1 m/s.

Abb. 59:
Das neue »Windy«-Hand-Windmeßgerät läuft schon bei 0,5 m/s an. Es ist umstellbar auf m/s oder Knoten und zeigt die Werte auf einem beleuchteten Display an. Es braucht eine 9 V-Bloc-Batterie, die automatisch an- und abgeschaltet wird, sobald das Anemometer dreht oder steht.

Abb. 60:
Schreiber der Fa. Thies für Windweg und Windrichtung. Aus dem Windweg-Diagramm läßt sich leicht die stündliche, tägliche, wöchentliche, monatliche oder jährliche mittlere Windgeschwindigkeit errechnen. Zum Ablesen der momentanen Windgeschwindigkeit ist dieses Gerät nicht geeignet. Schon bei 0,2 m/s dreht das große Anemometer. Dieses rein mechanisch arbeitende Gerät ist außerordentlich zuverlässig und kommt ohne Stromversorgung aus. Nachteilig ist der monatliche Papierwechsel; auf einem Mast in 10 m Höhe möchte ich ihn bei schlechtem Wetter nicht machen.

Bei Thies kostet der »billigste« *Kleinwindgeber* etwa 500 DM und ein passendes Analog-Anzeigegerät ca. 600 DM. Die Preise der Fa. Lambrecht bewegen sich in ähnlichen Grössenordnungen. Ein großer Thies-Windgeber mit 31,5 cm Durchmesser, der nach meinen Erfahrungen extrem leicht anläuft, kostet ca. 970 DM.

Wer so wie ich *möglichst exakte Messungen* machen will, ist allerdings mit den lieferbaren Anzeigegeräten (meist mit einer Skala von 0 - 30 oder 0 - 40 m/s) nicht sehr gut bedient, da die Ablesegenauigkeit oft nur für Schritte von 1 m/s ausreicht. Genauer und gleichzeitig auch billiger wird die Meßapparatur, wenn anstelle des zum Meßwertgeber zugehörigen, teuren Anzeigegerätes ein handelsübliches Analog-Multimeter mit mehreren Meßbereichen bis 2 V eingesetzt wird. So gibt beispielsweise der von mir zur Zeit eingesetzte Lambrecht-Meßwertgeber für Windgeschwindigkeit »1457-S2« (siehe Abb. 58) eine zur Windgeschwindigkeit annähernd linear verlaufende Gleichspannung, die bei 1,5 m/s 0,03 V, bei 10 m/s 0,53 V und bei 35 m/s 2,0 V beträgt. Durch Umschalten des Multimeters auf einen zur jeweiligen Windgeschwindigkeit passenden Meßbereich lassen sich mit Hilfe der Eichkurve bei allen Windgeschwindigkeiten sehr genaue Meßwerte ablesen. Übrigens ist ein Analogmultimeter hier besser geeignet als ein Gerät mit Digitalanzeige, weil die Zeigerbewegung das Auf- und Absteigen der Windgeschwindigkeit optisch besser verdeutlicht als die hin- und herspringenden Zahlen eines Displays.

Kombinierte Meßwertgeber für Windgeschwindigkeit und -richtung gibt es ab ca. 2.800 DM. Allerdings werden zusätzlich noch die passenden Anzeigegeräte für Windgeschwindigkeit und Windrichtung benötigt, die in der kombinierten Ausführung ab etwa 2.500 DM zu haben sind. Das sind Preise, die von privaten Betreibern von Kleinwindkraftanlagen wohl nur selten akzeptiert werden.

Windwegschreiber sind mechanisch arbeitende Geräte, die auf Wachspapier (ohne Tinte) den Weg des Windes über längere Zeiträume aufzeichnen (Abb. 60). Sie sind sehr nützlich, wenn es darum geht, die stündliche, tägliche, wöchentliche, monatliche oder jährliche *mittlere* Windgeschwindigkeit zu ermitteln. Zur Erfassung der Windverhältnisse in sehr kurzen Zeiträumen (Sekunden oder Minuten) sind sie nicht geeignet. Es gibt Geräte, die gleichzeitig auch die Windrichtung aufzeichnen. Ich setze zur Zeit mit sehr gutem Erfolg einen Windschreiber der Firma Thies ein, um die mittlere tägliche Windgeschwindigkeit für einen Langzeit-Leistungsvergleich an zwei typischen Windgeneratoren (Rutland FM 180 und Harbarth D.300-24) zu ermitteln. Solche, für meteorolgische Meßstationen gebauten Präzisionsinstrumente kosten ca. 4.000 DM.

Windcomputer wurden in den letzten Jahren vor allem entwickelt, um günstige Standorte für Windkraftanlagen zu finden. Sie arbeiten elektronisch und können die gemessenen Daten über größere Zeiträume speichern. Dadurch, daß sie die Windgeschwindigkeit klassifizieren, d.h. aufzeichnen, wieviel Stunden am Tag, in der Woche oder im Jahr der Wind in bestimmten Geschwindigkeitsbereichen geweht hat, ist eine Abschätzung des Energieertrages von Windturbinen an einem bestimmten Standort leicht möglich. Sie werden aber auch zur Leistungskontrolle bestehender Windkraftanlagen eingesetzt.

Es gibt Gerätetypen, bei denen die Werte von Zeit zu Zeit direkt abgelesen werden müssen, so beim MAN-Wind-Classifier, der 6 Zählwerke und eine Anzeige für die momentane Windgeschwindigkeit hat. Der Preis liegt bei 2.000 DM. Die geringe Klassenzahl läßt allerdings nur sehr grobe Berechnungen zu. Einen Winddatenspeicher »Windprozessor« mit 24 Windgeschwindigkeitsklassen für 13 Monate Speicherkapazität hat Werner Knecht aus 7185 Rot am See entwickelt und leiht auch Geräte aus. Sowohl die momentane Windgeschwindigkeit als auch die gespeicherten Werte können auf einem Display abgerufen werden. Die Klassen sind zwischen 2 - 24 m/s in 1 m/s-Stufen unterteilt, als letzte gibt es noch die Klasse von 25 - 64 m/s. Die gespeicherten Winddaten können wöchentlich oder monatlich abgerufen werden. Der Preis beträgt etwa 1.500 DM, eine 6-monatige Miete kostet 450 DM und jeder weitere Monat 60 DM.

Den Windcomputer »Wicom II-d« hat das Ing.-Büro Wuseltronick in Berlin entwickelt; er wird heute von der Fa. Ammonit, ebenfalls in Berlin, vertrieben (Preis ab ca. 2.000 DM). Er hat 20 Klassen in Stufen von 1 m/s, einen Wind-

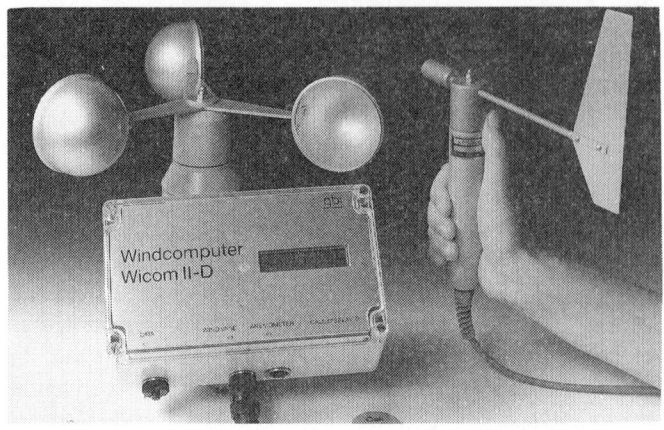

Abb. 61:
Windcomputer von Wuseltronik (Vertrieb: Fa. Ammonit, Berlin) mit Schalenanemometer und Windrichtungsgeber von Thies. Photo: Fa. Ammonit, Berlin

richtungsgeber und kann bis zu einem Jahr speichern (Abb. 61). Zur Auswertung kann das Gerät über eine serielle Schnittstelle mit einem PC verbunden werden.

Fazit: An brauchbaren Geräten für die Messung und Speicherung von Winddaten mangelt es heute nicht mehr, jedoch immer aber noch an genügend genauen und dauerhaften Windgeschwindigkeitsmessern mit Fernanzeige in der Preisklasse unter 500 DM, was viele Interessenten gerade noch aufwenden würden. Vielleicht hat einer der Leser einen Hinweis, wo es so etwas schon gibt? Zur Zeit versucht Herr Schoder auf meine Anregung hin ein solches Gerät zu bauen. Vielleicht kommt als Nebenprodukt auch ein Windcomputer unter 1.000 DM dabei heraus.

8.8 Energiesparende Stromverbraucher

Wer nun nicht gerade extrem günstige Windverhältnisse antrifft und daraus Strom im Überfluß erzeugt, wird sich bemühen, den Windstrom möglichst sparsam und wirkungsvoll zu nutzen. Stromzehrende Verbraucher wie Kochherde, Warmwasserbereiter, Wasch- und Geschirrspülmaschi-nen mit elektrischer Aufheizung und ähnliche Geräte im kW-Bereich kommen für unsere kleinen Windkraftanlagen sowieso nicht infrage - dafür stehen Erzeuger- und Verbraucherleistung in einem zu krassen Mißverhältnis.

Da wir Gleichstrom in unseren Akkus gespeichert haben,

werden wir möglichst auch Gleichstromverbraucher anschließen, um Verluste bei der Umwandlung in Wechselstrom zu vermeiden. Dies gilt vor allem für Verbraucher wie Beleuchtung, Radio und Fernsehen, Wasserpumpen, Elektrowerkzeuge und Kühlgeräte.

Beleuchtung

Anstelle der normalen 12- und 24 V-Glühlampen mit E 27-Fassung, die wegen ihres hohen Stromverbrauchs nur bei kurzen Einschaltzeiten interessant sind, sollten möglichst Halogenlampen, die für die gleiche Lichtleistung nur die Hälfte bis ein Drittel des Stromes benötigen, verwendet werden. Diese Lampen kommen vor allem für Bereiche infrage, die intensiv angestrahlt werden sollen, wie z.B. Lese- und Arbeitsplätze. Niedervolt-Halogenlampen sind für 6 V mit 10 W, für 12 V mit 5 bis 100 W und für 24 V von 20 bis 200 W erhältlich. Neben den Halogenlampen mit Stiftsockel gibt es jetzt auch Lampen mit E 27-Fassungen für 220 V Für die allgemeine Raumbeleuchtung sind die sogenannten Energiesparlampen günstiger, da sie einen höheren Wirkungsgrad besitzen und das Licht besser verteilen. Entsprechende Leuchten werden für 12 und 24 V Gleichspannung angeboten. Ein eingebautes oder separates Vorschaltgerät versorgt die Leuchtstofflampe mit der benötigten hohen Wechselspannung von 110 - 140 V. Trotz der relativ hohen Preise sind diese Lampen auf Dauer sehr wirtschaftlich, da sie nur 20% des Stromes gleichheller Glühlampen verbrauchen, und das bei etwa 6 facher Lebensdauer. Diese wird aber nur erreicht, wenn die Lampen nicht ständig kurzzeitig ein- und ausgeschaltet werden. Energiesparlampen für Gleichstrom gibt es im Leistungsbereich von 5 bis 26 W entweder mit dem bekannten E 27-Gewinde oder Spezial-Stiftsockel. Bei den E 27-Lampen muß natürlich darauf geachtet werden, daß sie nicht versehentlich einmal in eine normale Fassung mit 220 Volt eingeschraubt werden.

Wasserpumpen

Durch starke Impulse aus der Caravan-, Boots- und Campingtechnik und neuerdings auch durch die Photovoltaik nimmt das Angebot an Gleichstrompumpen ständig zu.

Abb. 62:
Eine kleine Auswahl typischer Gleichstrompumpen. Vorn von links nach rechts: Bilge-Tauchpumpe, Exzenterrollenpumpe mit externem Motor, Membran-Pumpe mit Druckschalter. Hinten von links nach rechts: kleine Tauchpumpen (in der Hand und daneben) Exzenterrollenpumpe mit integriertem Motor.

- Heizungsumwälzpumpen gibt es inzwischen im Leistungsbereich von 4 bis 46 W.
- Bei den Tauchpumpen ist das Angebot sehr groß. Es reicht von 12 V-Kleinpumpen (die billigste für 12,80 DM) über Bilgepumpen in der Preisklasse von 100 - 150 DM bis hin zu wartungsfreien Grundfos-Bohrlochpumpen, die mit bürstenlosen Drehstrommotoren über einen Inverter angetrieben werden und einige Tausend DM kosten. Bei den kleineren Pumpen werden meist permanentmagneterregte Kollektormotoren eingesetzt. Diese Motoren zeigen im Dauerbetrieb natürlich Verschleiß

an den Kohlebürsten, wobei sich die Bürsten bei den sehr billigen Geräten unter 50 DM nicht erneuern lassen. Bei den teureren Pumpen sollte auf die Möglichkeit eines leichten Bürstenwechsels geachtet werden. Es gibt auch Ausführungen, wo der Pumpenkörper am Leitungsnetz verbleiben kann und nur der Motor ausgewechselt wird.

- Außerdem gibt es für die verschiedenen Pumpaufgaben diverse Kreisel-, Membran-, Impeller- oder Exzenterrollenpumpen mit Gleichstrommotor, letztere sogar bis 80 m Förderhöhe. Für die Auswahl sind in der Regel vor allem Fördermenge und -höhe entscheidend.

Abbildung 62 zeigt einige typische Gleichstrompumpen kleiner bis mittlerer Leistung und Tabelle 4 gibt einen Überblick über typische Pumpen mit Daten, Preisen und Herstellern.

Elektrowerkzeug

Für 12 V-Betriebsspannung werden bisher vorwiegend relativ leistungsschwache Bohrmaschinen, Schwingschleifer, Stichsägen, Hand- und Tischkreissägen und Kompressoren angeboten, und leistungsstärkere Geräte für 24 V sind kaum zu finden. Gleichstrom-Elektrowerkzeuge werden an der Landmaschinenschule der Landwirtschaftlichen Lehranstalten, 8825 Triesdorf (Herr Naser) erprobt.

Kühlgeräte

Transportable *Kühlboxen* für 12 und 24 V sind in Größen von 10 bis 45 l Inhalt erhältlich. Sie werden meist mit Peltier-Elementen betrieben, die ohne bewegte Teile und damit geräuschlos und verschleißfrei Kälte oder auch Wärme erzeugen. Leider haben sie einen relativ schlechten Wirkungsgrad und damit einen hohen Stromverbrauch. Sparsamer arbeiten Schwingkompressor-Kühlboxen, die z.B. von der Fa. Engel hergestellt werden, aber um ein Mehrfaches teurer sind.

Kühlschränke für Gleichstrombetrieb gibt es in 3 typischen Ausführungen:

Absorberkühlschränke haben zwar den Vorteil, daß bestimmte Ausführungen auch mit Gas betrieben werden können, aber ihr Wirkungsgrad ist schlecht und der Stromverbrauch entsprechend sehr hoch.

Kompressorkühlschränke mit permanentmagnet-erregtem Gleichstrommotor, wie sie die Fa. Kissmann mit Indel-Aggregaten und Kältespeicher herstellt, sind sehr sparsam im Stromverbrauch und haben einen getrennten Schmieröl- und Kältemittel-Kreislauf, weil sich oberhalb des Kolbens eine Gummimembran befindet. Dadurch ist der Motor gut zugänglich, so daß die Kohlebürsten nach mehrjährigem Gebrauch leicht ausgewechselt werden können.

Kompressorkühlschränke mit bürstenlosen, elektronisch kommutierten Wechselstrommotoren oder mit Schwingankerantrieb sind wartungsfrei, brauchen aber durch die Elektronik etwas mehr Strom. Bekannte Fabrikate sind Engel und Waeco/Coolmatik, die teilweise auch mit Kältespeicher geliefert werden, um bei verlängerten Laufzeiten den Anlaufstromverbrauch zu verringern.

Gefriertruhen für 12 und 24 V Gleichstrom wurden bisher nur von Kissmann auf Bestellung gefertigt. Neuerdings gibt es jedoch Energiespar-Gefriertruhen mit 100 mm dicker Isolierung vom Typ GT electronic mit 200 und 250 l Nutzinhalt. Gefrier*schränke* für Gleichstrom sind mir noch nicht bekannt.

Weitere Geräte

Weitere Geräte wie Ventilatoren, Heißwasserbereiter, Kaffeemaschinen, Farbfernseher, Casetten-Recorder und sogar PC's sind heute für Gleichstrom erhältlich. Eine gute Zusammenstellung solcher Produkte findet sich im Photovoltaik-Handbuch (Literaturverzeichnis).

Gleichstrombetriebene Wasch- und Geschirrspülmaschinen sind hingegen noch nicht verfügbar. Ich stehe jedoch mit der Entwicklungsabteilung der Fa. Miele (Dr. Ennen) in Verbindung, die Interesse an der Entwicklung solcher Geräte hat.

Hersteller	Pumpentyp	Spannung Volt	max. Leistung Watt	Förderhöhe mWs	Fördermenge l/h	selbstansaugend?	Motorart	Pumpenart	Preis DM
Comet	TP Luxus	12	38	10	750	-	PMK	Kreisel-	
	TP Superluxus	12	38	11	840	-	PMK	pumpe	vgl. Conrad 1002
	TP Classic	12	17	5,7	540	-	PMK	"	
	TP Elegant	12	18	5,7	600	-	PMK	"	vgl. Conrad 1004
	TP Duplo	12	36	11,5	480	-	PMK	"	
	TP Duplo super	12	70	22	480	-	PMK	"	
	AP extra	12	18	5,7	600	-	PMK	"	Conrad AP extra
	AP Duplo extra	12	36	11,5	480	-	PMK	"	
	AP Duplo super	12	70	22	480	-	PMK	"	
	Rotacell	12	72	13	390	0,3-1,2 m	PMK	Exzenter-Flügel-	
	Rotacell ohne Ant.	-	72	13	390	0,3-1,2 m	-	zellenpumpe	
	Bi-Comet	12	70	13	390	1,5 m	PMK	Doppelmembran	vgl. Conrad
Conrad[*)]	Tauchpumpe	12	1,3	2	420	ja	PMK	Kreiselpumpe	20,-
	AP Extra	12	18	5,7	630	nein	PMK	Kreiselpumpe	25,-
	Tauchpumpe	12	23	2,5	720		PMK	Kreiselpumpe	25,-
	Tauchpumpe 1004	12	18	5,7	600		PMK	Kreiselpumpe	15,-
	Tauchpumpe 1002	12	38	11	840		PMK	Kreiselpumpe	29,-
	Tauchpumpe	12	42	3,5	1.400		PMK	Kreiselpumpe	28,-
	Tauchpumpe	12	96	3,5	6.000		PMK	Kreiselpumpe	50,-
	Bi-Comet	12	70	13	390	1,5 m	PMK	Doppelmembranp.	129,-
Grundfos	UP 15-35 x 20	9 - 24	42	3,5	3.300	spez. ohne		Grauguß-UP	
	UP 15-25N x 25	9 - 24	48	3,5	3.300	Kohlebürsten		Nirosta-UP	
Johnson	KP CO30 P5-1	12/24	14,5	3	1.620	nein		Umwälzpumpe	200,-
	KP CO10 P5-1	12/24	26,5	2	850	nein		Umwälzpumpe	250,-
	Lenzp. F3B-19	12/24/32	96	12	1.200	3 m		Impellerpumpe	360,-
	Lenzp. F5B-19	12/24/32	456	15	3.300	4 m		(kein Trockenlauf)	980,-
	Tankp. T50	12/24	180	6	3.060	nein			645,-
	Druckw.P. P5	12/24/32	38	15	480	nein			200,-
	Druckw.P. P8	12/24/32	48	19	600	nein			237,-
	Druckw.P. P15	12/24/32	84	22	720	nein			300,-
	Bilgepumpe L25	12/24	21	1	1.500				60,-
	Bilgepumpe L100	12/24	108	1	6.000				177,-

Hersteller	Pumpentyp	Spannung Volt	max. Leistung Watt	Förderhöhe mWs	Fördermenge l/h	selbstansaugend?	Motorart	Pumpen art	Preis DM
Laing	SK 101	12	2,2	60	500		K	Umwälzpumpe	143,-
	SK 102	12	2,2	60	500		K	Umwälzpumpe	
	SK 181	12	3,2	60	500		kl	Umwälzpumpe	195,-
	SK 182	12	3,2	60	500		kl	Umwälzpumpe	
Pumpenservice	Mini King	12	19	1,5	1.450			Tauchpumpe	85,-
	Bilge King	12/24	60	3,5	5.200			Tauchpumpe	146,-
	Jet 300	12/24	450	35	2.400	7 m		Kreiselpumpe	768,-
	Tauchmotorp. 03	12/24		8	12.000		Tauchpumpe		287,-
Steinhorst *)	Aqua Jet	12	18	15	390	ja		Exzenterrollenpumpe	65,-
Vortex	NP 150R	12/24	8,4	10	750		K	Umwälzpumpe	160,-
	NP 250	12/24	19	10	900		K	Umwälzpumpe	172,-
Zenith *) siehe auch Vortex	Jet-Hydro A600	12	84	9	1.080	ja		Tauchpumpe	80,-
	Gimeg A400	12	36	4	1.500	ja		Tauch(Lenz-)p.	50,-
	Jet-Sub SB3000	12/24	288	12	7.200	ja		Tauch(Lenz-)p.	263,-
	Jet-Imp EBW50	12	96	15	1.800	3 m		Impellerpumpe	129,-
	Jet-Imp EBW/HP	12	144	30	1.300			Impellerpumpe	245,-
	Jet-Hydro BW30	12	120	15	660	nein		Nirosta Frischwasserp.	100,-
	Bohrloch-TP	24	156	30	660			Tauchpumpe	492,-
	SK 131 W	12	3,2	1,2	500	nein	K	Umwälzpumpe	175,-
Zumpe	E 44 d.c.	12/24	250	20	2.400	4 m	PMK	Kreiselpumpe	360,-

TP = Tauchpumpe	PMK = Permanentmagnet-Kollektormotor
AP = Außenpumpe	SP = Spezialmotor ohne Kohlebürsten
UP = Umwälzpumpe	K = Kollektormotor
KP = Kreiselpumpe	kl = kollektorloser Motor
*) Kein Hersteller, nur Vertrieb.	Die Angaben zur Förderhöhe und Fördermenge sind jeweils Höchstwerte.

◄ Tabelle 4 : Gleichstrom-Pumpen mit integriertem Motor ▲

8.9 Wechselrichter (Inverter)

Wechselrichter, auch Inverter genannt, wandeln Gleichstrom in Wechselstrom um. Manche der uns oft unentbehrlich erscheinenden Stromverbraucher sind nicht oder noch nicht für Gleichstrombetrieb erhältlich, so z.B. Heizkessel, Küchenmaschinen, Haushaltsstaubsauger, Telefax-Geräte, Nähmaschinen usw. Bei elektronischen Geräten ist ein Umbau für Eingeweihte häufig relativ leicht möglich, weil sie intern den Netzstrom doch wieder in Gleichstrom umwandeln. Ich habe einen kleinen, transportablen 14 cm-Farbfernseher für wahlweisen Betrieb mit 220 V Wechselstrom und 12 V Gleichstrom. Beim Betrieb am Netz »frißt« er 30 W und wird fühlbar warm, schließe ich ihn jedoch an die Autobatterie an, kommt er mit 20 W aus und bleibt kalt. Solche Zusammenhänge sind bei der Entscheidung zu bedenken, ob es besser ist, sich auf ein reines Gleichstromnetz zu beschränken, alle Verbraucher über einen Wechselrichter zu betreiben oder aber mit beiden Stromarten nebeneinander zu arbeiten.

Bei größeren Anlagen mit vielfältigen Verbrauchern, wie sie beispielsweise bei Wohnhäusern ohne Netzanschluß gegeben sind, wird in der Regel letztere Lösung am sinnvollsten sein. Beleuchtung, Heizungsumwälzpumpe, Wasserpumpe, Fernseher und Radio werden vorteilhaft mit Gleichstrom betrieben, während Heizungsbrenner, Waschmaschine und Geschirrspülmaschine (beide natürlich mit Warmwasseranschluß und ohne elektrische Aufheizung!) sowie Kühlgeräte, Haushaltsgeräte und Elektrowerkzeug über einen Wechselrichter weiterhin mit 220 V versorgt werden. Angesichts des sehr viel höheren Preises für Gleichstrom-Kühlgeräte ist zu prüfen, ob die Anschaffung eines sehr sparsamen 220 V-Gerätes nicht auch dann günstiger ist, wenn die Wirkungsgradverluste für den sowieso notwendigen Wechselrichter in die Kostenbilanz einbezogen werden.

Mechanische Wechselrichter (rotierende Einankerumformer) sind sehr robust und kurzzeitig hoch überlastbar, was bei Geräten, die hohe Anlaufströme benötigen (z.B. Kühlschränke, Motoren, etc.), wichtig ist. Außerdem liefern sie eine reine Sinusspannung. Dadurch, daß sie aus einem Gleichstrommotor und einem Wechsel- oder Drehstromgenerator bestehen, die auf einer gemeinsamen Welle sitzen, haben sie aber einen sehr hohen Leerlaufstromverbrauch und einen relativ niedrigen Wirkungsgrad von max. 70% im Vollastbetrieb (Abb. 63). Außerdem sind sie wegen der hohen Drehzahl von 3.000 U/min recht laut. Im Teillastbereich fällt der Wirkungsgrad stark ab.

Elektronische (statische) Wechselrichter sind in den letzten Jahren sehr stark weiterentwickelt worden. Es gibt *netzgeführte* Geräte, die dann eingesetzt werden, wenn Über-

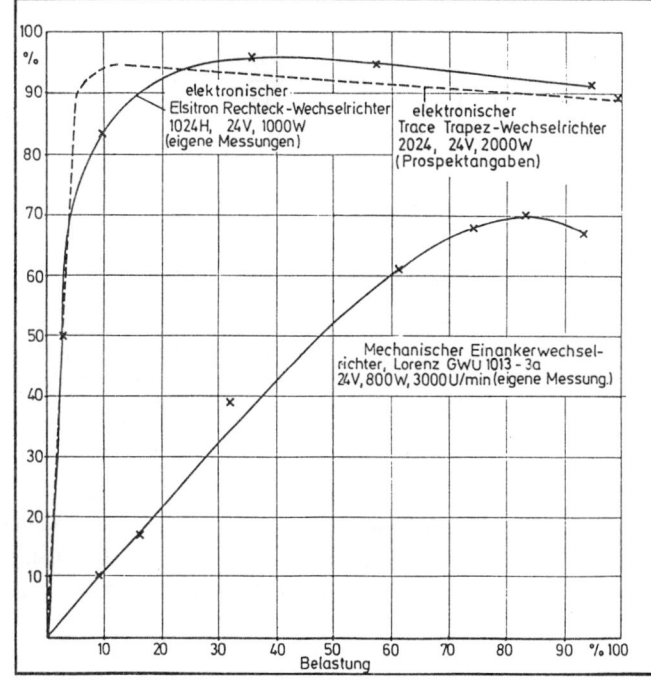

Abb. 63:
Wirkungsgrade von typischen, selbstgeführten Wechselrichtern (für 220 V) in Abhängigkeit von der Belastung.

schußstrom ins öffentliche Netz eingespeist werden soll. Bei Netzausfall können sie allerdings keine Notstromversorgung übernehmen. *Selbstgeführte* Geräte arbeiten dagegen netzunabhängig und kommen somit für den Inselbetrieb und die Notstromversorgung infrage. Sie werden im folgenden näher behandelt.

Rechteck-Wechselrichter (Abb. 64) sind von allen Ausführungen am billigsten. Sie erreichen gute Wirkungsgrade von bis zu 90% bei Nennlast bzw. bis zu 95% bei 30 - 60% Belastung und eignen sich für ohmsche Verbraucher (Glüh- und Halogenlampen) und Allstrommotoren mit Kollektor, wie sie in den meisten Elektrowerkzeugen und Küchengeräten zu finden sind. Kondensatorerregte Motoren (z.B. in Kühlschränken, Waschmaschinen, Umwälzpumpen) und Spaltpolmotoren (z.B. in einfachen Ventilatoren) laufen zwar meist an, werden aber im Dauerbetrieb warm oder gar heiß und brummen laut. Auch bei Fernsehern und anderen elektronischen Geräten gibt es Schwierigkeiten.

Deshalb werden hierfür meist *Trapez-Wechselrichter* eingesetzt, deren Spannungsverlauf der Sinuskurve des »normalen« Wechselstromes schon näher kommt. Gute Geräte neuerer Bauart erreichen auch im Teillastbereich hohe Wirkungsgrade von 90 oder gar 95% (vgl. Abb. 63). Zwecks Stromeinsparung sind sie obendrein vielfach mit einer Einschaltautomatik ausgestattet, die das Gerät erst dann in Betrieb setzt, wenn ein Verbraucher eingeschaltet wird. Dieser muß jedoch eine bestimmte Mindestlast haben, das heißt, größere Wechselrichter springen nicht an, wenn nur eine Energiesparlampe oder ein Radio eingeschaltet wird. Für solche Fälle wurde bei einigen (teureren) Ausführungen ein Zusatzgerät eingebaut, das den Wechselstrom für kleine Leistungsanforderungen erzeugt und bei größeren automatisch auf den Hauptwechselrichter umschaltet. Eine billigere, an der deutschen Landwirtschaftsschule in Loma Plata/Paraguay erprobte Lösung besteht darin, parallel zu der zu startenden Leuchtstofflampe eine Glühlampe anzuklemmen, die beim Einschalten soviel Strom zieht, daß der Wechselrichter anspringt und durch ein Versorgungsrelais (Treppenbeleuchtung) nach kurzer Zeit automatisch abgeschaltet wird.

Die Erfahrung in Energiesparhäusern hat gezeigt, daß mit guten Trapezwechselrichtern fast alle üblichen Geräte in einem Haus problemlos versorgen können. Durch die hohe kurzzeitige Überbelastbarkeit der neuen Wechselrichtergeneration (bis zum Dreifachen der Nennleistung) sind die früheren Probleme mit dem Anlaufen von Kühlgeräten weitgehend überwunden. Lediglich Schwinganker-Elektrorasierer können nicht betrieben werden (Ausnahme: Akku-Geräte).

Sinuswechselrichter werden dann erforderlich, wenn sehr anspruchsvolle Verbraucher wie z.B. medizinisch-technische Geräte, Großcomputer und auch kondensatorerregte Motoren im Dauerbetrieb versorgt werden müssen. Obwohl der früher relativ schlechte Wirkungsgrad in letzter Zeit

Abb. 64:
Elsitron-Rechteckwechselrichter mit 1 kW Nennleistung. Neben Glüh- und Halogenlampen kann er Geräte mit Kollektormotoren (hier Bohrmaschine und Bandschleifer) gut versorgen.

verbessert und bei Nennleistung fast an die Werte von Trapez-Wechselrichtern herangebracht wurde, liegt er bei Teillast deutlich niedriger. Der relativ hohe Preis dieser Geräte beschränkt den Einsatz auf Spezialanwendungen.

Kosten

Im Rahmen einer größeren Ausschreibung über Photovoltaik-Anlagen erhielten wir auch einen guten Überblick über die Kosten von Wechselrichtern. Aus den Angeboten wurden spezifische Preise bezogen auf ein Watt Nennleistung errechnet:

- Rechteck-Wechselrichter wurden mit 1,20 - 1,78 DM/W angeboten,
- Trapez-Wechselrichter kosten zwischen 2,50 - 5,20 DM pro Watt und
- Sinus-Wechselrichter liegen bei 3,75 - 5,00 DM/Watt.

Die Preisspannen zeigen, daß es sich auch hier lohnt, verschiedene Angebote einzuholen und die Leistungen genau zu vergleichen.

8.10 Gleichspannungswandler

Gleichspannungswandler setzen - wie der Name schon sagt - eine Gleichspannung am Eingang auf eine höhere oder niedrigere Gleichspannung am Ausgang um. Gebräuchlich und leicht erhältlich sind Spannungswandler, die 12 V auf 24 V, 6 V auf 12 V oder 24 V auf 12 V umsetzen. So bietet z.B. die Fa. Conrad Elektronik einen Spannungswandler (SPA 6) zum Betrieb von 12 V-Geräten an 24 V-Akkus an, der bei stabilisierter Ausgangsspannung einen Strom von 6,3 A im Dauerbetrieb und 10 A kurzzeitig mit 90% Wirkungsgrad liefert, und das zu einen Preis von ca. 60 DM. Für den umgekehrten Fall wandelt der SPA 2239 12 V auf 24 V (nicht stabilisierte Ausgangsspannung) und liefert bei einem Eingangsstrom von 21 A einen Ausgangsstrom von 10 A. Das Gerät kostet etwa 90 DM.

8.11 Ruhestromverbraucher

Trotz aller Bemühungen und auch sichtbarer Erfolge bei der Entwicklung und Markteinführung stromsparender Verbraucher, kommen in letzter Zeit zunehmend Geräte auf den Markt, die Strom zehren, auch wenn sie nichts leisten. Während es früher selbstverständlich war, daß ein ausgeschaltetes Gerät auch keinen Strom verbraucht, ist dies heute längst nicht mehr sicher und vor allem dann genau zu prüfen, wenn beim Anschluß an das Stromnetz eine Diode oder ein Glühlämpchen aufleuchtet, um den sogenannten stand-by-Betrieb (Bereitschaftsbetrieb) anzuzeigen. Dieser Ruhe-Stromverbrauch kann dabei in sehr weiten Grenzen schwanken, von einigen Milliwatt bei Ladereglern über einige Watt bei sehr guten Wechselrichtern bis hin zu 20 Watt und mehr bei Videorecordern, Fernsehern oder Satelliten-Empfängern, die mit Fernbedienung ein- und ausgeschaltet werden. Hier ist das Steckerziehen letztlich die einzige Möglichkeit, den Stromverbrauch zu verhindern.

Ich habe mir einmal die Mühe gemacht, einige typische Geräte zu messen und die Ergebnisse in Tabelle 5 zusammengestellt. Je nach Geräteausstattung im Haus kann da einiges an nutzlosem Stromverbrauch zusammenkommen. In einigen Fällen ließe sich durch Einbau eines Kabelschalters Abhilfe schaffen, wenn das Steckerziehen Probleme macht. Bei Kühlgeräten hingegen muß der Ruhestromverbrauch in Kauf genommen werden.

Wie läßt sich aber ohne Meßgerät feststellen, ob ein Gerät Ruhestrom verbraucht? Nun, immer dann, wenn beim Anschließen des ausgeschalteten oder nicht laufenden Gerätes ein Lämpchen oder Display aufleuchtet, ein Klicken (Relais) oder Summen (Trafo) zu hören ist, oder wenn das Gehäuse nach einiger Zeit sogar warm wird, ist Mißtrauen angebracht. Denn würden alle diese Verbraucher Tag und Nacht sorglos am Netz betrieben, könnten sie mehr Ruhe- oder Leerlaufstrom ziehen, als unsere kleine Windkraftanlage zu liefern vermag.

Gerät	Betriebs-art	Span-nung V	Strom A	Ver-brauch W
Videocasettenrecorder Panasonic NV G 1	standby	226	0,154	34,8
Videocasettenplayer SEG VCP	standby	226	0,05	11,3
Satelittenfernseh-Empfänger Amstrad SRX 200	ausgeschaltet	226	0,06	13,6
	standby	226	0,1	22,6
Stereo-Radiorecorder CS Electronics 04-4	ausgeschaltet	226	0,032	7,2
	eingeschaltet	226	0,037	8,4
Farbfernseher Körting Weltblick	standby	226	0,064	14,5
Kühlschrank mit Tiefgefrierabteil Liebherr	nicht in Betrieb	226	0,02	4,5
Tiefgefrierschrank Liebherr	nicht in Betrieb	226	0,007	1,6
Waschmaschine Siemens Siwamat 850 electronic	nicht in Betrieb	226	0,03	6,8
Geschirrspülmaschine Miele Super Elec-tronic G 595 SC	nicht in Betrieb	226	0,02	4,5
Microwellenherd Profi Micro MW 500	nicht in Betrieb	226	0,036	8,1
Gasherd Küppersbusch mit Elektrozündung	nicht in Betrieb	226	0,03	6,8
NiCd-Batterie-ladegerät Voltcraft	nicht in Betrieb	226	0,01	2,3
Kleindrehbank Encomat MD 150	nicht in Betrieb	226	0,026	5,9
Batterieladegerät Einhell Chargemaster 20 A	Stufe 0	226	0,15	33,9
Wechselrichter Elsitron 1024 H	Leerlauf	24,3	1,1	26,7

Tabelle 5:
Ruhestromverbrauch verschiedener Elektrogeräte nach eigenen Messungen

9. Beispiele aus der Praxis

Die folgenden fünf Beispiele zeigen einige typische Anwendungsbereiche für kleine Windkraftanlagen: die autonome Stromversorgung von sogenannten »Niedrigenergiehäusern« in Verbindung mit Solargeneratoren, die Elektrifizierung von Ferien- und Wochenendhäusern sowie die Erzeugung von Strom und Kraft für die Landwirtschaft. Natürlich sind noch viele weitere Anwendungen denkbar, die hier nicht behandelt werden. Trotzdem können die Beispiele auch für solche, anders gelagerte Fälle wichtige Anregungen geben.

9.1 Solarhaus Krauß, Merkendorf

Die Familie Krauß hat nach ökologischen Gesichtspunkten eine Holzständerkonstruktion mit Leichtlehmausfachung (150 m² Wohnfläche) sowie ein Werkstattgebäude errichtet, dessen Energieversorgung soweit wie möglich aus erneuerbaren Energiequellen bestritten wird (Abb. 65). Die Beheizung erfolgt in der Übergangszeit durch Abwärmenutzung aus den an den Südseiten liegenden Wintergärten und im Winter durch Holzgrundöfen mit Heizleisten und Wandstrahlungsheizflächen. Das Brennholz stammt aus eigenem Wald.

Für die Stromversorgung wurden bisher Sonne und Wind im Inselbetrieb, d.h. ohne Anschluß an's öffentliche Netz, genutzt. In Zukunft soll jedoch auf Initiative des Fränkischen Überlandwerkes versuchsweise ein Netzanschluß verlegt werden, um die sommerlichen Stromüberschüsse aufzunehmen.

Die Solarstromanlage besteht aus 26 Siemens-SM 38/40-Modulen, die ebenerdig mit jahreszeitgemäßer Verstellmöglichkeit aufgeständert sind. Die Systemspannung beträgt 24 V, die Nennleistung 1 kW.

Eine LMW 1003-Windkraftanlage mit 3 GFK-Flügeln, 3 m Flügelkreisdurchmesser und 1 kW Nennleistung wurde auf einem 10 m hohen, 3 fach abgespannten Gitter-Rohrmast

montiert. Sie hat die Orkane im Februar 1990 ohne Schaden überstanden und läuft so ruhig, daß die Nachbarn sich nicht gestört fühlen. Durch einen kombinierten Solar-Wind-Laderegler sind die Photovoltaik- und die Windkraftanlage mit dem Akku (Typ Varta bloc) verbunden, der eine Kapazität von 600 Ah hat.

Neben den üblichen stromsparenden Geräten im Haus werden über einen *Trace*-Wechselrichter noch zahlreiche Elektrowerkzeuge wie Kreissäge, Metallsäge, Kompressor, Bohrmaschinen u.ä. betrieben. Außerdem wurde ein Solarmobil Mini-EL für den Kurzstreckenverkehr angeschafft (Abb. 66).

Bei diesem Solarmobil handelt es sich um ein in Dänemark schon in größeren Serien hergestelltes dreirädriges Leichtfahrzeug für eine Person und Gepäck, das eine Reichweite von 40 - 60 km bei Spitzengeschwindigkeiten um 50 km/h erreicht. Es ist mit einer 36 V-Blei-Traktionsbatterie mit 90 Ah Kapazität ausgestattet, die über ein eingebautes Ladegerät in 8 - 9 h geladen werden kann. Das Bordnetz läuft auf 12 V. Der Antriebsmotor schafft bei 2,5 kW Nennleistung kurzzeitig bis zu 3,6 kW und wirkt über einen Zahnriementrieb auf die durch ein Reibungsdifferential geteilte Hinterachse. Ich habe dieses Fahrzeug selbst ausprobiert und bin ganz begeistert über die Handlichkeit, Geräuscharmut und die relativ guten Fahrleistungen. Herr Krauß hat inzwischen einen zweiten Batteriesatz eingebaut, um die Reichweite zu erhöhen.

Die Erträge aus Sonne und Wind werden laufend gemessen. So wurde für die Windkraftanlage ein Jahresertrag von 242 kWh und für die Photovoltaik-Anlage von 1.014 kWh ermittelt bei einem Verbrauch von 715 kWh und einem Überschuß von 540 kWh (Stand Nov. 1990). Durch Erhöhung des Mastes für die Windturbine um 2 m konnte deren Ertrag in letzter Zeit deutlich gesteigert werden. Obwohl Merkendorf in einem windschwachen Gebiet liegt, stellt Herr Krauß fest, daß er ohne diese Anlage nicht über den Winter käme, auch nicht, wenn er das Geld, das die LMW-Turbine gekostet hat, in eine Vergrößerung der Photovol-

taikanlage und Batterie stecken würde. Diese Erkenntnis, daß Häuser ohne Netzanschluß vielfach nur mit einer Kombination von Solar- und Windstrom sinnvoll elektrifiziert werden können, setzt sich zur Zeit immer mehr durch. Wie aus Abb. 66a zu ersehen ist, bringt die Windkraftanlage ihren Hauptertrag in der sonnenarmen Winterzeit.

Nicht bewährt hat sich ein flüssiggasbetriebenes Stromaggregat, das zunächst eingeplant war, um in sonnen- und windarmen Zeiten den Akku nachzuladen. Es wurde wieder verkauft, weil der Ladeeffekt zu gering war. Herr Krauß ist übrigens nicht der einzige, der diese Erfahrung gemacht hat, denn derartige Geräte sind vor allem zum Direktantrieb von Elektrogeräten und weniger für den Ladebetrieb konstruiert.

Mit ihrer Eigenstromversorgung hat Familie Krauß so gute Erfahrungen gemacht, daß ein Ingenieurbüro »Öko-Solarsysteme« gegründet wurde, um solare Strom- und Wasserversorgungsanlagen, LMW-Windkraftanlagen, Elektromobile, Wechselrichter und energiesparende Verbraucher zu vertreiben und zu installieren. Dieser Betrieb hat inzwischen an den Ausschreibungen der Landtechnik Weihenstephan zum BMFT-Photovoltaik-Demonstrationsprogramm teilgenommen und zwei Aufträge zum Bau einer solaren Fischteichbelüftung und zur Elektrifizierung einer netzfernen Maschinen- und Getreidelagerhalle zu unserer Zufriedenheit durchgeführt.

Abb. 65:
Solarhaus Krauß mit Siemens-Photovoltaik- und LMW-Windkraftanlage, beide mit je 1 kW Nennleistung.

Abb. 66:
Willi Krauß in seinem Mini EL, mit dem er versucht, Überschußstrom aus Sonne und Wind sinnvoll zu verwerten.

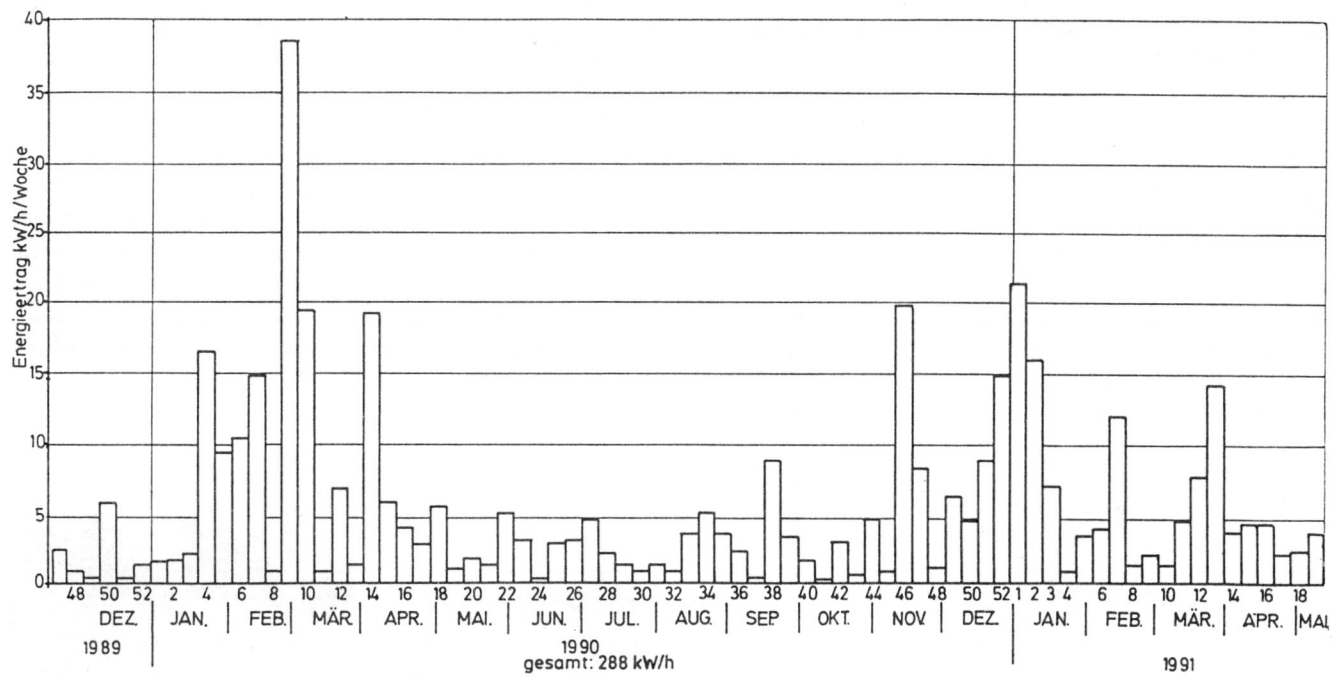

Abb. 66a: Wöchentlicher Energieertrag der Windkraftanlage Krauß/Merkendorf. Anlage: LMW 1003-Dreiflügler mit 3 m Ø; Leistung: 900 W bei 10 m/s; Systemspannung: 24 V; mittlere Jahreswindgeschwindigkeit 2,5 m/s. Quelle: Krauß und Haberl

9.2 Anlage von Hanna Ringe, Freising-Hohenbachern

Familie Ringe besitzt ein Ferienhaus ohne Stromanschluß an der Küste des südlichen Peloponnes in Griechenland, das mehrfach im Jahr aufgesucht wird. Flüssiggas zum Kochen und Kerzenlicht waren bisher die einzigen Energiequellen. Da sich Frau Ringe schon als Kind für Windmühlen interessierte, kam sie auf einigen Umwegen zu mir, um sich näher zu informieren. Ich empfahl ihr nach einigen groben Berechnungen über den zu erwartenden Stromverbrauch einen Windgenerator mit etwa 100 W Nennleistung, wozu sich der Chinagenerator C.100 von Harbarth anbot (Abb. 67). Außerdem vermittelte ich ihr noch Bezugsquellen für gebrauchte Stationärbatterien (Abb. 68) und preiswerte Solargeneratoren.

Obwohl ihr Mann - ein Freisinger Facharzt - sehr skeptisch hinsichtlich der Funktionsfähigkeit einer solchen Anlage war, kaufte sie die Teile, schaffte sie mit einigen Problemen nach Griechenland und baute sie mit Hilfe ihrer Familie auf. Besonders ihr Sohn, der sich an Hand von Büchern (z.B. Ladener: »Solare Stromversorgung«. ökobuch Verlag) ein wenig mit der Gleichstromtechnik vertraut gemacht hatte, war ihr eine gute Hilfe.

Heute kann das Haus und inzwischen auch ein Nebenge-

bäude durch Halogenlampen hell erleuchtet werden. Neben dem Windrad, das aus Sicherheitsgründen nur dann auf dem umlegbaren Rohrmast montiert wird, wenn das Haus bewohnt ist, wurden zwei AEG-Solargeneratoren mit jeweils 23 W auf's Dach montiert. Sie sind ohne Laderegler mit dem 12 V-Bleiakku (Kapazität 240 Ah) verbunden und halten diesen angesichts der großen Kapazität geladen, ohne daß schädliches Überladen auftreten kann. Die anfängliche Skepsis von Dr. Ringe ist verschwunden, zumal sich das Windrad jetzt seit 2 Jahren gut bewährt hat. Nun wird überlegt, ob nicht auch die Wasserversorgung für die gesamte Ferienhaussiedlung mit Solar- und Windstrom anstelle des problematischen Dieselmotors betrieben werden könnte.

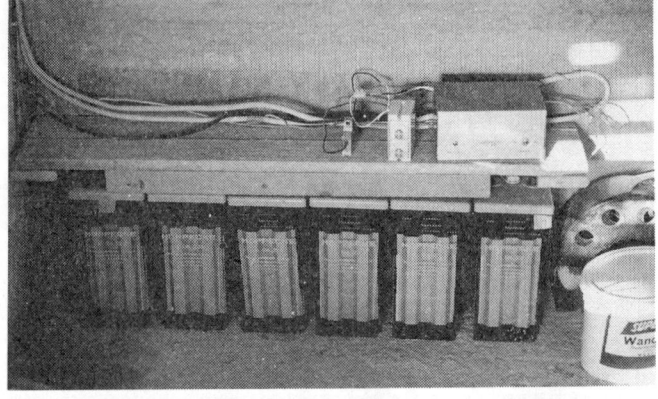

Abb. 67:
Der Chinagenerator C.100-12 versorgt das Ferienhaus der Familie Ringe an der griechischen Küste mit dem notwendigsten Strom. Zwei hier nicht sichtbare 23 W-Solargeneratoren helfen noch mit.
Photo: Frau Ringe

Abb. 68:
Sechs gebrauchte, aber noch gut erhaltene Hoppecke-Stationärakkus im Keller des Ferienhauses. Oben rechts der Laderegler des Windgenerators. Die Systemspannung liegt bei 12 V.
Photo: Frau Ringe

9.3 Anlage der Familie Huber, Baumgarten b. Nandlstadt

Die Hubers zählen zu den Leuten, die es sich in den Kopf gesetzt haben, ein modernes Haus mit sparsamer, aber ausreichender Elektrifizierung aus umweltfreundlichen Quellen zu besitzen. Manfred Huber ist Architekt und hat sein Haus selbst geplant. Seine Frau und er sind an ökologisch sinnvollen technischen Entwicklungen sehr interessiert. So haben sie, obwohl Netzanschluß leicht möglich gewesen wäre, eine Photovoltaik-Anlage mit 1 kW Spitzenleistung vom

Ingenieurbüro »Solarstrom Straaß« in Starnberg installieren lassen, mit der alle Geräte betrieben werden, die ein moderner Haushalt braucht. Geheizt wird mit Holz und Flüssiggas und zum Kochen kommt natürlich ebenfalls Gas zum Einsatz. Die Waschmaschine wird über die »Sparsteuerung« M 1001 der Fa. Martin Elektrotechnik (Bad Brückenau) mit Warmwasser aus der Gasheizung versorgt. Es sind zwei Stromkreise vorhanden, und zwar ein 24 V-Gleich-

strom-Kreis für Energiesparlampen, Farbfernseher, Heizungsumwälzpumpen sowie die 220 V-Wechselstromversorgung aus einem *Trace*-Wechselrichter für Waschmaschine, Espressomaschine, Telefonanrufbeantworter, Spülmaschine, Haushaltsgeräte und Computer.

Seit einiger Zeit besitzen die Hubers auch ein Windrad zur Unterstützung der Solargeneratoren in sonnenarmen Perioden. Durch Vermittlung der Hans Seidl-Stiftung, München, haben sie direkt aus Peking einen 2 flügeligen Rotor mit 2,5 m Ø erhalten, der bei uns noch unbekannt ist, mich aber sofort begeistert hat (Abb. 69 und 70). Er hat ausgezeichnete, tiefe (d.h. breite), aber dünne und verwundene Flügel aus verleimtem asiatischen Holz mit direkt angeflanschtem, permanentmagneterregtem Drehstromgenerator, der mit dem von Harbarth vertriebenen E.500 identisch ist. Das Flügelprofil ist das bekannte NACA 4412. Ein sehr leichtgängiges und stabiles Azimutlager aus Grauguß mit Schleifringen, eine seitliche Eklipsenregelung zur Sturmsicherung und eine große, hoch angesetzte Windfahne sind typisch für diese Maschine, von der wir nur wissen, daß sie »Fengli Fadianjizu FD 2,5-200« heißt, denn dies sind die einzigen Worte in der chinesischen Betriebsanleitung, die wir lesen konnten. Neben dem Rotor gehört noch ein kompletter, 6 m hoher Rohrmast mit Kippgelenk und Seilen, Erdankern und Spannschlössern zum Lieferumfang. Diesen Mast hat Herr Huber auf 10 m Höhe verlängert, um den Rotor aus dem Windschatten nahestehender Bäume zu heben. Zur Anlage gehört außerdem eine Ladereglerstation mit Sicherungen, Volt- und Amperemeter. Zum Aufstellen der Anlage habe ich Herrn Huber mein damals noch handgeschrie-

Abb. 69:
Manfred Huber mit dem Bausatz des FD 2,5-200, so wie er aus China angeliefert wurde.

Abb. 70:
Am höchsten Punkt seines Grundstückes in einem Siedlungsgebiet haben die Hubers ihre Windkraftanlage errichtet. Sie läuft so leise, daß die vorher sehr skeptischen Nachbarn sich bisher nicht belästigt fühlen.

benes Kapitel über die Errichtung von Masten (Kapitel 7) überlassen. Danach klappte das Aufrichten mit Hilfe eines Frontladerschleppers vom Bauern aus der Nachbarschaft und mit der Unterstützung einiger Helfern problemlos.

Der Rotor läuft außerordentlich leicht an und dreht sehr schnell. Erstaunlich schwach ist sein Geräusch. Ich habe noch nie einen so leisen Schnelläufer gesehen, oder besser gesagt, gehört. Lediglich bei schnellen Windrichtungsänderungen tritt das in Kapitel 6.3 schon beschriebene »Zweiflügler-Rattern« auf. Windnachführung und Sturmregelung funktionieren einwandfrei. Am Mast fest angebaut ist eine kleine Seilwinde, mittels der über ein im Mastinneren laufendes Seil die Windfahne von Hand zur Seite geschwenkt werden kann, um den Rotor aus dem Wind zu nehmen, beispielsweise für Wartungs- und Reparaturzwecke.

Seit August '91 laufen Leistungsmessungen, um einen Vergleich zu dem gleichgroßen Einflügler von Schoder zu ermöglichen. Doch läßt sich jetzt schon sagen, daß bei 10 m/s Windgeschwindigkeit wesentlich höhere Leistungen als die angegebenen 200 W Nennleistung erbracht werden, die sich offenbar auf Windgeschwindigkeiten von 6 - 8 m/s beziehen. Herr Huber ist mit dem Zweiflügler bisher so zufrieden, daß er gleich 10 weitere Anlagen in Peking gekauft hat, um sie zu vertreiben.

9.4 Anlage der Familie Hauser-Huber, Bad Krozingen

Der folgende Bericht stammt von Dr. Bracke, Inhaber der Fa. Solavent in Freiburg, die diese Anlage aufgebaut hat.

»Die Anlage (Abb. 71) wurde im Mai 1989 in der Nähe von Freiburg (Breisgau) in Betrieb genommen. Die Besitzer hatten von vornherein den Wunsch, ihren nach baubiologischen Gesichtspunkten geplanten Neubau ohne Atomstrom und somit ohne Netzanschluß zu versorgen.

Die Anlagendaten:

- 300 W Windkraftwerk, Vertikalachsenrotor Solavent 300
- Solarkraftwerk mit 400 W Spitzenleistung, 8 Monate später Erweiterung auf 600 W.
- Hochleistungs-Kombinationsregelung mit Solar- und Windkanal, Batterieüberwachung, Selbstcheck, Dokumentation.
- 24 V-Batteriesatz mit 300 Ah Kapazität, dryfit-Technik, entsprechend 7,2 kWh Energievorrat. Der Batteriesatz soll 1991 in Verbindung mit der Anschaffung eines Elektromobils auf ca. 500 - 600 Ah erweitert werden.
- Zweistufiger Wechselrichter mit 300/1.500 W Leistung.
- Der erzeugte Gleichstrom (24 V Spannung) wird über ein 20 m langes Erdkabel (4 x 25 mm²) in das Haus geleitet.

Abb. 71:
Solavent-Anlage zur netzunabhängigen Stromversorgung des Wohnhauses der Familie Hauser-Huber, bestehend aus dem 300 W-Vertikalachsrotor und dem 600 W-Solargenerator.   Photo: Dr. Bracke

Bei Schlechtwetterperioden (Tiefdruck mit entsprechendem Windanteil) übernimmt die Windkraftanlage die Energieversorgung, bei Hochdrucklagen (Windstille) der Solargenerator. Bei Mischwetter überlagern sich beide Umweltenergien äußerst günstig. Während der typischen Freiburger Nebellagen (z.B. 14 Tage durchgehend im Herbst), kann ein Notstromaggregat zum Batterieladen zugeschaltet werden, das in der Praxis jedoch selten benutzt wird. Der Haushalt ist mit stromsparenden Elektrogeräten ausgerüstet. So verfügt die Familie über eine Waschmaschine mit Heiß- und Kaltwasseranschlüssen und reduzierter Heizleistung (0,75 kW), einen Energiesparkühlschrank neuer Bauart, TV, Radio, Beleuchtung etc. Zudem wird eine Gastherme zur Warmwasserbereitung und zur Versorgung einiger Heizkörper in der kleinen angegliederten Praxis stundenweise betrieben. Die Beheizung des Hauses übernimmt ein Kachelofen.

Für die Familie waren die ersten Wochen nach der Abnabelung vom öffentlichen Baustrom sehr hart. Der Umgang mit Umweltstrom mußte erlernt und erarbeitet werden, dazu gehört vor allem dessen begrenzte Verfügbarkeit im Winter, die durch das Wetter und die Anlagengröße bestimmt wird. «

9.5 Anlage von Fritz Kaufmann, Bad Berneck

Familie Kaufmann bewirtschaftet neben einem Baugeschäft auch einen landwirtschaftlichen Betrieb mit 55 ha Grünland und betreibt die Zucht von Galloway-Rindern, Dam- und Rotwild im rauhen Fichtelgebirge. Die Ställe und Einrichtungen liegen etwa 400 m vom öffentlichen Netz entfernt. Eine Anfrage beim zuständigen Energieversorgungsunternehmen ergab, daß ein Anschluß an das öffentliche Stromnetz etwa 90.000 DM kosten würde.

Ohne Energie ist aber heutzutage auch in der extensiven Tierhaltung kaum auszukommen, vor allem wird Strom für Weidezaungeräte und Licht sowie Kraft zum Wasserpumpen gebraucht. So hatte Herr Kaufmann bisher mit Notstromaggregaten, Schlepperzapfwellenpumpen, Wasserfässern und Handpumpen gearbeitet, sowie Batterien hin- und hergeschleppt - Lösungen, die auf Dauer als verbesserungsbedürftig erscheinen.

Da auf den Höhen des Fichtelgebirges relativ gute Windverhältnisse herrschen (zu 80% der Zeit weht ein leichter Wind), begann Herr Kaufmann mit einer Lubing-Windpumpe, die aus einem Brunnen Wasser in einen Hochbehälter fördert (Abb. 72). Diese Anlage hat sich sehr gut bewährt und arbeitet seit einigen Jahren ohne große Reparaturen. Ab und zu muß ein Blatt ausgewechselt werden, weil der Kunststoff durch Witterungseinflüsse versprödet.

Abb. 72:
Lubing - Windpumpe zur Wasserförderung im Betrieb Kaufmann, Bad Berneck. Die Windpumpe steht auf einem Betonbehälter, in dem das Wasser für mehrere Tage gespeichert werden kann.

Auf meine Empfehlung hin wurde zusätzlich die kleine, 6-flügelige Rutland-Turbine beschafft, die zum Laden der 12 V-Weidezaunbatterie eingesetzt wird. Sie hat sich 4 Jahre lang sehr gut bewährt und zahlreiche Stürme und Orkane überstanden.

Durch Vergrößerung des Rinderbestandes reichten später die zwei kleinen Windturbinen nicht mehr aus. Herr Kaufmann ließ sich Prospekte und Angebote aus aller Welt kommen, um eine Windkraftanlage mit etwa 1 kW Nennleistung zu finden. Leider erschien keine Anlage ausreichend preiswert, zuverlässig und speziell für die niedrigen Windgeschwindigkeiten geeignet. Also wurde selbst gebastelt und mit Solargeneratoren experimentiert. Diese bringen im Sommer zwar eine erhebliche Hilfe, brauchen aber auch hier die Unterstützung des Windes im langen schnee- und eisreichen Winter des Fichtelgebirges.

Heute betreibt Herr Kaufmann zwei Siemens-Solargeneratoren SM 144 mit je 130 W Nennleistung und neben den schon erwähnten Windrädern einen Dreiflügler mit 4 m Durchmesser und Permanentgenerator auf einem ehemaligen Baukran. Die hochwertigen GFK-Flügel hat ihm das Ing.-Büro Schoder gefertigt. Der optimale Generator ist noch nicht gefunden, wahrscheinlich kann ihm aber die Fa. Harbarth jetzt geeignete Typen liefern.

10. Sicherheitshinweise

Obwohl käufliche, kleine Windkraftanlagen heute weitgehend ausgereift und betriebssicher sind, müssen doch einige Hinweise beachtet werden, um Unfälle oder Materialschäden zu vermeiden:

- Wichtige Schraubverbindungen sollten mit Federringen, Kontermuttern oder Loctite gesichert werden, damit sie nicht durch die unvermeidbaren Vibrationen gelockert werden.

- Einmal jährlich sollten die Gelenkbolzen für die Sturmsicherung - soweit vorhanden und sofern es sich nicht um wartungsfreie Kunststofflager handelt - geschmiert und gegen Festrosten geschützt werden.

- Seilabspannungen sind an den Befestigungspunkten stets mit Herzkauschen anzulegen, um ein Durchscheuern zu verhindern. Außerdem dürfen keine Seilspanner mit offenen Haken, sondern nur solche mit geschlossenen Ösen verwendet werden. Die Gewinde der Seilspanner sind mit Kontermuttern oder einer Drahtschlinge gegen Aufdrehen zu sichern. Ebenso sind die Bolzen von Schäkeln sind mit Draht gegen Aufdrehen zu sichern.

- Beim Aufrichten der Anlage sowie bei Wartungs- und Reparaturarbeiten sind Schutzhelme zu tragen, bei Arbeiten auf Leitern und Gerüsten unbedingt Sicherheitsgurte anzulegen.

- Auf elektrischen Berührungsschutz achten, denn Permanentmagnet-Generatoren können gefährlich hohe Leerlaufspannungen erzeugen, wenn sie nicht mit der Batterie verbunden sind.

- An gasende (kochende) Batterien *niemals* ein stromführendes Kabel an- oder abklemmen, da hierbei Funken entstehen, wenn der Windgenerator läuft oder ein Verbraucher eingeschaltet ist. Eine Knallgasexplosion kann die Folge sein, die im günstigsten Fall die Verschlußstopfen des Akkus wie Sektkorken an die Decke schießt. Die Explosion kann aber auch den Akku zerreißen und Batteriesäure bzw. -lauge (bei NiCd-Akkus) verspritzen.

- Blitzschutzerdung vorsehen (vgl. Kapitel 8.5).

11. Zusammenfassung

Kleine Windkraftanlagen im Leistungsbereich bis 1 kW zum Laden von Batterien und zur Wasserförderung erfreuen sich wachsender Beliebtheit. Nach den mir vorliegenden Informationen (Stand April '91) werden in Deutschland derzeit 16 Windgeneratoren im Nennleistungsbereich zwischen 9 und 1000 W für 12 und 24 V Batteriespannung angeboten. Die Preise liegen zwischen 600 und 7.800 DM. Bei den meisten Typen handelt es sich um Horizontalachsrotoren mit 2 bis 6 Flügeln, ein Vertikalachsrotor ist in zwei Größen vertreten. Als Flügelmaterial wird glasfaserverstärktes Polyester oder Polyamid, schlagzähes Polystyrol, Holz mit GFK-Ummantelung und Aluminium verwendet. Die Generatoren sind durchweg permanentmagneterregt und liefern Wechsel- oder Drehstrom, der mit Brückengleichrichtern verlustarm in Gleichstrom umgewandelt werden kann. Bei den schnellaufenden Horizontalachsrotoren werden die Generatoren direkt angetrieben, bei den langsamlaufenden Vertikalachsrotoren über ein Zahnriemengetriebe. Alle Anlagen mit Horizontalachsrotoren werden importiert und zwar aus England, Holland oder der Volksrepublik China. Offenbar hat die deutsche Windenergie-Branche diese »Kleinwindkraftanlagen« bisher nicht ernstgenommen und - wie die wachsenden Verkaufszahlen zeigen - einen weltweit interessanten Markt übersehen.

Vier Hersteller bieten Windpumpen zur Wasserförderung an. Es sind 4- bis 16-flügelige Horizontalachsrotoren mit direkt über Exzenter und Gestänge angetriebenen Kolben-, Membran- oder Kreiselpumpen. Die maximalen Fördermengen liegen zwischen 500 und 100.000 l/h.

Die Windgeneratoren zum Batterieladen sind in den letzten Jahren beträchtlich weiterentwickelt und verbessert worden. Sie laufen leicht an, beginnen schon bei Windgeschwindigkeiten zwischen 1,8 und 3 m/s mit der Stromerzeugung und haben eine ausreichende Sturmsicherung. Der Aufbau und Betrieb kann auch von technisch interessierten Laien vorgenommen werden. Die Wartung beschränkt sich auf jährliche Kontrollen und das Schmieren von Gelenken oder das Entdrillen des herabführenden Stromkabels bei einigen Modellen.

5 typische Anlagen unterschiedlicher Größe konnte ich auf meinem Bauernhof unter weitgehend vergleichbaren Bedingungen längere Zeit testen und beobachten. Dabei traten zwar Unterschiede im Anlaufverhalten, in der Leistung und Geräuschentwicklung auf, aber grundsätzlich kann ich alle zum Kauf empfehlen, wenn geeignete Einsatzbedingungen vorliegen. Meine bisherigen Leistungsmessungen ergaben ein durchaus positives Bild, wenngleich bei keiner Anlage die vom Hersteller angegebene Nennleistung bei 10 m/s Windgeschwindigkeit erreicht werden konnte. Durch die in der Praxis zwangsläufig auftretenden Leitungsverluste vom Windrad zur Batterie können diese Unterschiede allein nicht erklärt werden.

Neben den käuflichen Typen wurden auch Erfahrungen mit Prototypen bzw. einigen bei uns noch nicht im Vertrieb befindlichen Produkten gesammelt. Besonders erfolgversprechend erscheinen dabei ein chinesischer Zweiflügler mit 2,5 m Durchmesser (vgl. Kapitel 9), sowie ein neuentwickelter Einflügler (Kapitel 6: Schoder-Einflügler), von dem ich den ersten und zweiten Prototypen erproben konnte.

Mit der Anschaffung eines Windgenerators allein ist es nicht getan. Es werden daher Hinweise zum Bau von Masten, zur Installation, zu Akkumulatoren, Ladereglern, Wechselrichtern und sparsamen Stromverbrauchern gegeben. Dazu gehört auch eine Übersicht über die verschiedenen Windgeschwindigkeits-Meßgeräte.

Einige Beispiele aus der Praxis zeigen, wie nützlich oder sogar unentbehrlich kleine Windkraftanlagen heute sein können. Ein ausführliches Lieferantenverzeichnis schließt das Buch ab und gibt Hilfestellung bei der Beschaffung weiterer Informationen und beim Einkauf der »Hardware«.

12. Ergänzungen zur 2. Auflage

Schon knapp eineinhalb Jahre nach Erscheinen dieses Buches war die erste Auflage vergriffen. Sicherlich ist dies ein gutes Zeichen für das Interesse vieler Leute an der Nutzung von Windenergie im kleinen Maßstab für den Hausgebrauch.

Erfreulicherweise hat die Entwicklung auf dem Windenergiesektor in dieser Zeit große Fortschritte gemacht. Dies gilt sowohl für die Forschung und Technik, aber auch für die Praxiseinführung. In den küstennahen Gebieten von Schleswig-Holstein und Niedersachsen stehen heute bereits so viele Großanlagen - in Windparks und auch einzeln -, daß man in Sichtweite von einer bis zur nächsten fahren kann. Am stärksten haben sich dreiflügelige Horizontalachsrotoren im Leistungsbereich von 30 bis 500 kW durchgesetzt, die im Netzverbund arbeiten.

Durch die neuen Einspeisetarife von 16,5 Pfennige pro kWh ist der Verkauf von Windstrom an die EVU's interessant geworden. Aber auch die Förderung in Form von Baukostenzuschüssen für größere Windkraftanlagen durch Bund und Länder hat viel bewirkt. Neu ist das bayerische Programm zur verstärkten Nutzung erneuerbarer Energien, in dem marktgängige Windkraftanlagen mit Nennleistungen über 1 kW zu 30% gefördert werden.

Inzwischen hat es sich nämlich herumgesprochen, daß man Windenergie nicht nur an den begünstigten Küsten der Nord- und Ostsee sinnvoll nutzen kann, sondern durchaus auch an geeigneten Standorten im Binnenland. Dazu gehört natürlich eine gute Anlage, die auch bei Schwachwind Strom erzeugt - natürlich im Rahmen der physikalischen Grenzen. Ich habe mit eigenen Augen an der demonstrativen Schautafel gesehen, wie die bekannte Enercon 32 mit 32 m Flügelkreisdurchmesser und 280 kW Nennleistung, auf dem Kronsberg beim Messegelände in Hannover, noch bei 2,3 m/s Windgeschwindigkeit Strom ins nahegelegene Hochspannungsnetz eingespeist hat.

Während bei den großen Windkraftanlagen deutsche Firmen die internationale Konkurrenz keineswegs fürchten müssen, wird der Markt bei den kleinen Batterieladern immer noch durch ausländische Fabrikate beherrscht. Eine rühmliche Ausnahme machen die Solavent-Rotoren von Dr. Bracke (Freiburg) und die Anlagen der Fa. Brümmer (Helmarshausen), sowie Atlantis (Berlin).

Verlag und Autor waren sich einig darüber, daß eine völlige Überarbeitung dieses Buches derzeit noch nicht erscheint. Vielmehr sollen die wichtigsten Entwicklungen, Erkenntnisse und Ergebnisse in der Reihenfolge der einzelnen Kapitel nachgetragen werden.

Windverhältnisse

Nachdem es bis zum Erscheinen der ersten Auflage des Buches nicht möglich war, Unterlagen über die Windverhältnisse in den neuen Bundesländern zu bekommen, ist neuerdings beim Deutschen Wetterdienst Frankfurt eine gesamtdeutsche Karte verfügbar, die für die Neuzeichnung der Abb. 4 genutzt wurde.

Man sieht, daß in Ostdeutschland durchaus günstige Windverhältnisse gegeben sind. Sehr gute mittlere Windgeschwindigkeiten von 5 - 5,9 m/s findet man an der westlichen Ostseeküste von Mecklenburg-Vorpommern, auf Rügen und in den Hochlagen von Erzgebirge und Harz. Guter Wind mit 4 - 4,9 m/s weht auch in weiten Teilen des Binnenlandes von Mecklenburg-Vorpommern, des Harzes, des Thüringer Waldes und des Erzgebirges. Und der verbleibende größere Teil von Berlin, Brandenburg, Sachsen-Anhalt, Thüringen und Sachsen weist immerhin noch ein Jahresmittel von 3 - 3,9 m/s auf. So windschwache Zonen wie in weiten Teilen von Bayern und Baden-Württenberg mit weniger als 2,9 m/s gibt es im Norden erfreulicherweise gar nicht.

Da im Zuge der Privatisierung der ostdeutschen Landwirtschaft viele »Neueinrichter« ihre Betriebsgebäude in netzferner Lage erstellen müssen, sind sie auf Strom aus Sonne

und Wind angewiesen, sofern nicht eine Biogasanlage in Frage kommt. Und das Gleiche gilt für die meisten anderen Länder des ehemaligen Ostblocks, wo ähnliche Agrarreformen laufen. Kleine Windkraftanlagen können hier helfen, das Leben auf dem Lande angenehmer und produktiver zu machen.

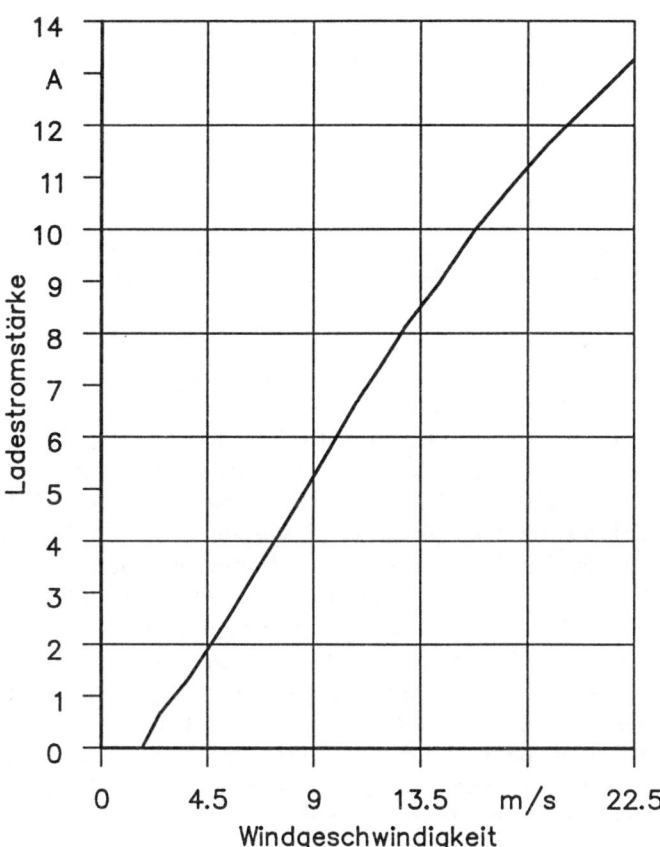

Abb. 73:
Leistungskennlinie des Rutlandrotors WG 910 neu, beim Laden einer 12 V-Batterie (nach Herstellerangaben).

Seit Februar 92 gibt es den Bayerischen Solar- und Windatlas, den das Bayerische Staatsministerium für Wirtschaft und Verkehr, Prinzregentenstr. 28, 8000 München 22, herausgegeben hat und kostenlos weitergibt. Nach Unterlagen des Deutschen Wetterdienstes ist hier auf 14 Karten im Maßstab 1 : 500.000 die mittlere Jahreswindgeschwindigkeit, unterteilt in 10 Windgeschwindigkeitsklassen, dargestellt.

Dieses Werk ist bei der Standortsuche eine sehr gute Hilfe. Außerdem werden darin viele technische Ratschläge und Hinweise auf Förderungsmöglichkeiten gegeben. Es wäre schön, wenn auch die anderen Bundesländer so etwas machen würden.

Bei der Standortbestimmung für Windkraftanlagen werden jetzt immer häufiger Windklassifiziergeräte (Windmeßcomputer) eingesetzt. Wie später noch berichtet wird, gibt es neuerdings leistungsfähige Geräte zu Preisen unter 1.000 DM. Außerdem besteht die Möglichkeit, über die Regionalverbände der Deutschen Gesellschaft für Windenergie gegen Unkostenbeteiligung ein Gerät zeitweise auszuleihen.

Produktübersicht käuflicher Anlagen

Seit Sommer 92 wird der Rutland-Rotor WG 910 in weiterentwickelter Ausführung geliefert, erfreulicherweise zum gleichen Preis. Die Außenabmessungen von Rotor und Generator sind unverändert. Der Generator erhielt jedoch eine stärkere Wicklung und eine andere Überlastsicherung. Der Thermoschalter in der Wicklung schaltet jetzt bei Überlastung durch zu hohe Windgeschwindigkeiten einen der zwei Brückengleichrichter ab. Dadurch wird bei Sturm nicht die volle Sinuswelle gleichgerichtet, sondern nur noch eine Halbwelle genutzt, was die Generatorleistung halbiert und dadurch den Generator schützt.

Die Flügelbefestigung wurde so gestaltet, daß eine falsche Montage nicht mehr möglich ist. Die Flügel sind jetzt aus glasfaserverstärktem Polyester gefertigt, haben ein aerodynamisches günstigeres Profil und verlaufen nach außen hin konisch.

Der Hersteller verspricht eine um 50% höhere Leistung der Anlage und zeigt im Prospekt eine Leistungskennlinie (Abb. 73), nach der bei 10 m/s Windgeschwindigkeit 72 Watt erzeugt werden (ermittelt durch Windkanalmessungen am Polytechnikum Bristol). Das würde bedeuten, daß die Anlage eine spezifische Flächenleistung von 113 W/m² liefert, was nach meinen bisherigen Messungen für eine so kleine Anlage kaum erreichbar erscheint. Der Generator wurde daher auf einem Prüfstand und die komplette Anlage im Freien vermessen. Über die Ergebnisse wird weiter unten im Abschnitt »Erfahrungen und Meßergebnisse« berichtet.

Der auf Seite 88 kurz beschriebene chinesische 2-Flügler FD 2,5-200 (Abb. 74) wird jetzt vom Ingenieurbüro Uwe Hinz, Windengineering GmbH vertrieben. Als Nennleistung gibt der Hersteller einen Wert von 200 W bei 7 m/s Windgeschwindigkeit an. Die inzwischen verfügbare werkseitige Kennlinie weist bei 10 m/s eine Leistung von 350 W auf. Die Ergebnisse der eigenen Messungen sind wiederum im Abschnitt »Erfahrungen und Meßergebnisse« dargestellt.

Der Preis beträgt 1.980 DM (incl. Mwst.) ab München. Inbegriffen ist der komplette, 6 m hohe Mast und ein Laderegler. Außerdem wird noch ein kleinerer Typ mit 1,65 m Durchmesser und 100 W Nennleistung bei 7,5 m/s angeboten, und zwar für 1.270 DM (inkl. Mwst.), ebenfalls mit Mast (4,5 m) und Laderegler.

Ähnlich wie Dr. Bracke strebt Herr Hinz eine Kombination der Windkraftanlage mit Solargeneratoren an und hat hierfür einen nicht abgespannten Dreibeinmast aus Stahlrohr konzipiert, an dem die Solarmodule befestigt werden können.

»Star«, Typ FDP 2,1-0,3/8, heißt ein neuer China-Generator der Fa. JIANGSU NAN HANG Technology Development

Abb. 74:
Zweiflügelige chinesische Windkraftanlage FD 2,5-200 zum Batterieladen mit 2,5 m Durchmesser.

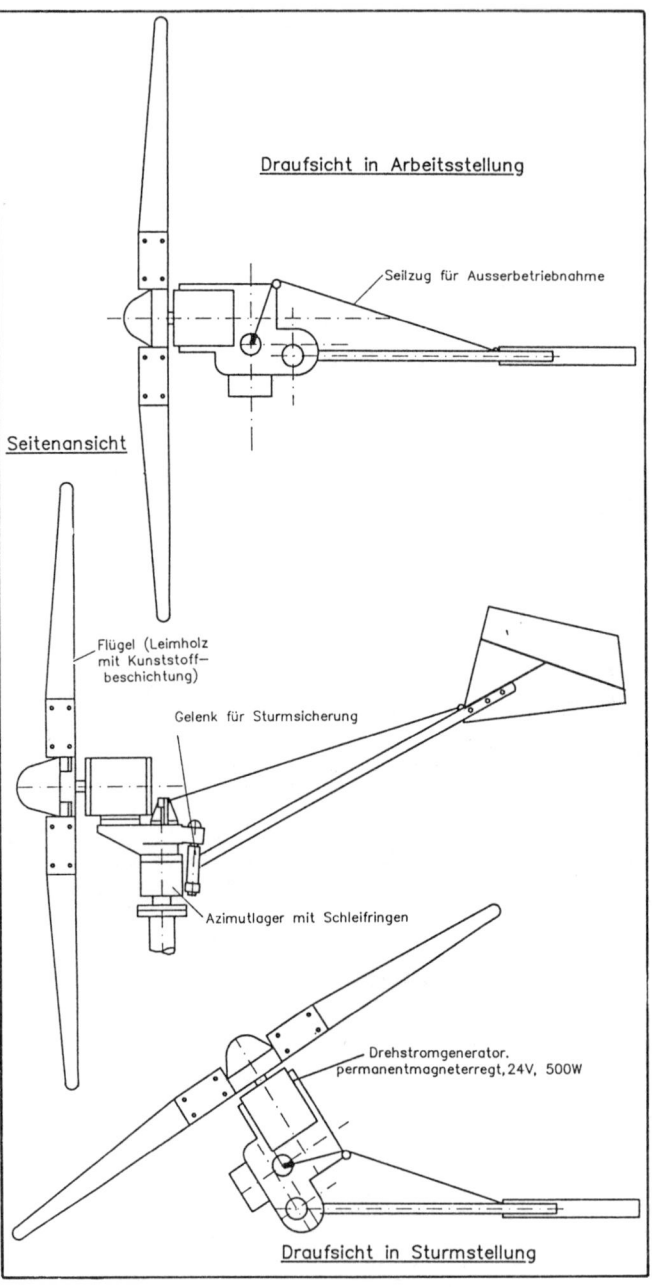

Draufsicht in Arbeitsstellung

Seilzug für Ausserbetriebnahme

Seitenansicht

Flügel (Leimholz mit Kunststoffbeschichtung)

Gelenk für Sturmsicherung

Azimutlager mit Schleifringen

Drehstromgenerator. permanenterregt, 24V, 500W

Draufsicht in Sturmstellung

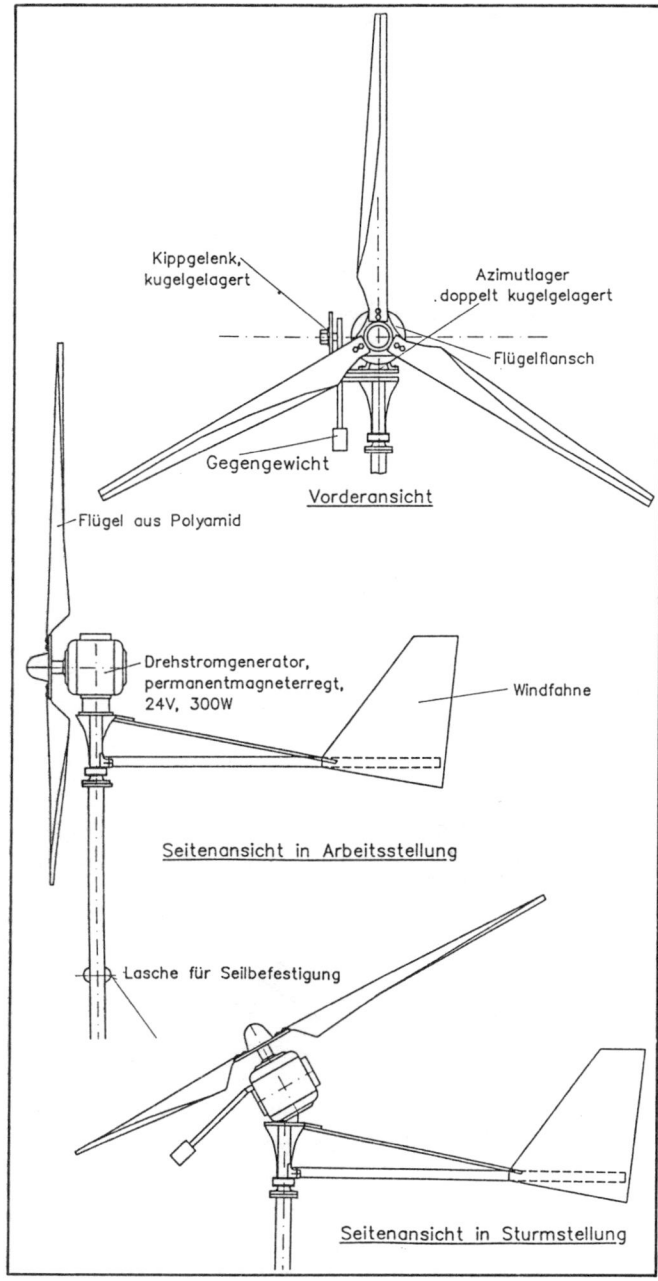

Kippgelenk, kugelgelagert

Azimutlager doppelt kugelgelagert

Flügelflansch

Gegengewicht

Vorderansicht

Flügel aus Polyamid

Drehstromgenerator, permanentmagneterregt, 24V, 300W

Windfahne

Seitenansicht in Arbeitsstellung

Lasche für Seilbefestigung

Seitenansicht in Sturmstellung

Corporation, Nanjing, V.R.China, der bei uns seit einigen Monaten im Test läuft (Abb. 75). Familie Huber (vgl. S. 88 und 93) hatte ursprünglich vor, zehn Anlagen des bewährten 2-Flüglers FD 2,5-200 zu importieren und weiter zu verkaufen. Nach einigen Verhandlungen kamen dann aber 20 ganz andere, mir noch nicht bekannte Maschinen in drei verschiedenen Größen. Es sind alles Dreiflügler mit Flügeln aus glasfaserverstärktem Polyamid in der gleichen Ausführung, wie bei der Anlage FD 300-24, die auf den Seiten 23 - 26 beschrieben und von der Fa. Harbarth vertrieben wird.

Allerdings ist das Azimutlager in solidem Grauguß gefaßt und doppelt kugelgelagert. Die horizontale Lagerung der Sturmsicherung (Hubschrauberstellung) ist einfach kugelgelagert. Im Gegensatz zum FD 2,5-200 haben diese Anlagen keine Schleifringe zur Stromableitung.

Der FDP 2,1-0,3/8 hat 2,1 m Rotordurchmesser, einen permanentmagneterregten Drehstromgenerator, der bei 520 U/min und 24 V eine Leistung von 300 W abgeben soll, die der Rotor bei 8 m/s Windgeschwindigkeit erreicht. Nach der Leistungskurve der Betriebsanleitung soll die Anlage bei 10 m/s eine Leistung von 420 W bei 700 U/min bringen. Im Lieferumfang ist ein kompletter, 5 m hoher Mast sowie ein Laderegler enthalten, der mit einem 200 W-Rechteck-Wechselrichter kombiniert ist. Die Hubers verkaufen diese Anlage zum Preis von 3.000 DM, solange der Vorrat reicht.

In letzter Zeit ist ein stärkeres Interesse an Windgeneratoren im Leistungsbereich von etwa 1 kW zu verspüren. Die auf den Seiten 24 und 28 erwähnte holländische Anlage LMW 1003 hat sich in der Praxis zwar bewährt, jedoch erscheint der Preis von ca. 6.000 DM vielen Leuten zu hoch. In den USA ist nun vor etwa 2 Jahren eine interessante Maschine auf den Markt gekommen, die sicherlich auch bei

Abb. 75:
Dreiflügelige chinesische Windkraftanlage FDP 2,1-0,3/8 mit 2,1 m Flügelkreisdurchmesser.

uns Käufer finden wird: der *Whisper 1000*. Dabei handelt es sich um einen Zweiflügler mit 2,7 m Durchmesser, dessen Holzpropeller den permanentmagneterregten Drehstromgenerator ohne Getriebe antreibt (Abb. 76).

Einige konstruktive Besonderheiten unterscheiden diese Anlage von anderen Entwicklungen und machen sie sehr interessant:

Der getriebelose, permanentmagneterregte Drehstromgenerator hat eine innenliegende, feststehende Wicklung, um die eine mit den Magneten bestückte, einseitig gelagerte Trommel rotiert, die vorn die Flügel trägt und hinten offen ist. Die austauschbare Wicklung ist für zwei Spannungsstufen lieferbar. Die niedrige Stufe läßt sich am Klemmenkasten vom Betreiber der Anlage leicht auf wahlweise 12, 24, 32 bis 35 und 48 Volt schalten. Außerdem gibt es als Option eine Wicklung für höhere Spannungen mit 60 bis 72, 120 und 270 Volt. Die Wicklung besteht aus drei Teilen, die man entweder parallel oder in Reihe schalten kann.

Mit dem erzeugten Strom können somit nicht nur Batterien geladen werden, mit entsprechender Zusatzausrüstung lassen sich vielmehr auch Drehstrompumpen zur Wasserförderung oder Heizstäbe zur Brauchwassererwärmung betreiben. Zur Sturmsicherung kippt der Rotor nach oben und die Windfahne nach unten - auch dies ist eine neue Lösung. Alle beweglichen Teile sind kugelgelagert und wartungsfrei (Dauerschmierung). Die Stromabführung erfolgt mittels Schleifringen.

Die Nennleistung wird mit 1 kW bei 11,3 m/s Windgeschwindigkeit angegeben. Die Höchstleistung soll nach der werkseitigen Kennlinie bei 13,5 m/s etwa 1,2 kW betragen, wobei die Stromerzeugung schon bei 2 - 3 m/s einsetzt. In Notsituationen (Orkan) kann man den Rotor durch Kurzschließen der Generatorwicklung mittels Schalter im Haus auf Stillstand abbremsen. Erstaunlich ist das niedrige Gewicht: Rotor, Generator, Azimutlager und Windfahne wiegen nur 25 kg, das ist für eine Anlage dieser Leistungsklasse außerordentlich wenig. Eine weitere Sensation ist der Preis von 1.390 Dollar ab Werk in Duluth MN, USA, für die komplette Anlage mit Laderegler und zweijähriger Garantie, allerdings ohne Mast.

Abb. 76: Whisper 1000 Windgenerator mit 2,7 m Flügelkreisdurchmesser und 1 kW Nennleistung in extrem leichter Bauweise (Werkszeichnung).

Generatortyp: Whisper	600	1000	3000
Nennleistung (bei 11 m/s)	0,6 kW	1 kW	3 kW
Höchstleistung	0,75 kW	1,2 kW	3,3 kW
Drehzahl b. Nennleistung	1000 U/min	850 U/min	570 U/min
Polzahl	10	10	16
Beginn der Stromerzeugung bei Windgeschwindigkeit	3 m/s	3 m/s	3 m/s
Überlebenswindgeschwindigk.	55 m/s	55 m/s	55 m/s
Rotordurchmesser	2,1 m	2,7 m	4,5 m
Gesamtgewicht auf Mastspitze	18 kg	25 kg	60 kg

Tabelle 6: Technische Daten der Whisper-Windgeneratoren.

Neben dem Whisper 1000 gibt es noch zwei weitere Typen mit 600 W (990 Dollar) und 3 kW (2.990 Dollar) Nennleistung (Tabelle 6).

Um den Vertrieb in Deutschland bemühen sich derzeit sowohl Dr. Bracke (Solavent Freiburg) als auch Korbinian Geiger. Letzterer hat mir bereits den Typ 1000 für Testzwecke zur Verfügung gestellt. Die deutschen Preise stehen auch schon fest: Der Whisper 1000 wird 3.392 DM kosten, der Whisper 3000 7.590 DM. Damit sind neue Maßstäbe gesetzt.

Abb. 77:
Das Haus von Korbinian Geiger liegt in einem dicht bebauten Gebiet, doch seine Windkraftanlage läuft so leise, daß die Nachbarn sich nicht gestört fühlen.

Korbinian Geiger, ein Windenergie-Pionier in Bayern, hat den Ehrgeiz, sein Haus mit Strom aus Sonne und Wind netzunabhängig zu machen, und ist bereits fast am Ziel (Abb. 77). Da er im windschwachen Donautal wohnt, hat er sich bemüht, Flügelprofile und Generatoren zu finden, die möglichst viel aus Schwachwind herausholen, aber auch hohe Leistungen bei gutem Wind abgeben.

Sein selbstgebauter Dreiflügler mit 6,5 m Durchmesser und 7 kW-Generator überrascht durch leichten Anlauf, Leistungsfähigkeit und Geräuscharmut. Diese Erfolge haben ihn ermutigt, auch für andere Leute Anlagen zu planen, Komponenten zu liefern oder komplett zu bauen. Zusammen mit einer Spezialfirma für hochfeste GFK-Formteile hat er hochwertige Flügel für Zwei-, Drei- und Vierblattrotoren mit 3,3 m und 4,6 m Durchmesser entwickelt, die zum Preis von 595 DM bzw. 985 DM pro Stück angeboten werden. Damit wird der Selbstbau von größeren Batterieladern erleichtert.

Energiesysteme K.H. Glombitzer vertreibt jetzt zwei dreiflügelige Horizontalachs- Rotoren mit GFK-Flügeln des Typs »Aero Craft« für 12 und 24 V Ladespannung, die in Osteuropa hergestellt werden (Abb. 78). Der Aerocraft 300 bringt bei 2,1 m Durchmesser und 8 m/s Windgeschwindigkeit 300 W Nennleistung, für den Aerocraft 500 mit 2,4 m Durchmesser wird bei 8 m/s eine Nennleistung von 500 W angegeben. Beide Typen arbeiten mit fliehkraftgesteuerter Blattwinkelverstellung.

Der Aerocraft 300 kostet 3.790 DM inkl. Mwst. (seewasserfeste Ausführung 4.190 DM) und der Aerocraft 500 4.390 DM (seewasserfeste Ausführung 4.790 DM). Gegen einen Mehrpreis von 115 DM (inkl. Mwst.) sind auch höhere Generatorspannungen von 36, 48, 60, 72, 84 und 96 V lieferbar. Im Lieferumfang inbegriffen ist eine elektronische Laderegelung mit Tiefentladungsschutz. Außerdem werden verzinkte, verstrebte Stahlrohrmasten mit Abspannseilen, Kippgelenk und Erdnägeln mit Höhen zwischen 7 und 12,25 m angeboten. Die Preise liegen zwischen 1.410 DM und 1.820 DM inkl. Mwst. Demnächst bekomme ich den Aerocraft 500 zur Praxiserprobung.

Die Fa. NEW, Stemwede ist Generalimporteur für die auf Seite 24 kurz beschriebenen holländischen LMW-Anlagen. Neben den dort genannten Typen gibt es jetzt noch zwei stärkere Dreiflügler mit 5 m Durchmesser: Die LMW 2500 hat einen 2,5 kW-Generator und kostet 16.978 DM, während die LMW 3600 aus dem gleichen Rotordurchmesser 3,6 kW (17.478 DM) herausholen soll. Beide Anlagen sind für eine Nennwindgeschwindigkeit von 12 m/s ausgelegt und werden für Gleichspannungen von 24 und 120 V angeboten. Im süddeutschen Raum werden sie von der Fa. Reusolar (vgl. Lieferantenverzeichnis) vertrieben.

Nach einigen Jahren Pause macht jetzt auch die Fa. Brümmer, Helmarshausen auf dem Windenergiesektor weiter. Es gibt 3- und 6-Flügler zum Batterieladen mit einem Durchmesser von 80 bis 550 cm und Nennleistungen (bei 8,5 m/s Windgeschwindigkeit) von 30 W bis 2 kW. Die Preise liegen zwischen 2.700 und 16.640 DM.

Darüber hinaus bietet auch die Fa. Atlantis, Berlin zwei Batterielader mit 3 GFK-Flügeln an. WB 15 hat 1,5 m Rotordurchmesser und soll 300 W bei 10 m/s Windgeschwindigkeit bringen, während für WB 20 mit 2 m Rotordurchmesser eine Nennleistung von 600 W bei 10 m/s genannt wird. Nach meinen bisherigen Erfahrungen erscheinen die Leistungsangaben sehr hoch. Die Preise liegen bei 6.995 bzw. 8.225 DM, einschließlich eines 12 m hohen Mastes.

Bei den Vertikalachsrotoren Solavent (vgl. S. 29) hat Dr. Bracke, Solavent Freiburg, inzwischen den Zahnriemenantrieb durch einen Pirelli-Mehrfachkeilriemen ersetzt. Bei diesem System läuft der sehr flache und mit mehreren Rillen versehene Riemen auf einer großen, glatten Riemenscheibe, während das kleine Rad am Generator keilförmige Rillen hat. Eine einfachere und billigere Herstellung sowie ein frei wählbares Übersetzungsverhältnis sind die Vorteile.

Abb. 78:
AeroCraft-Windgenerator mit fliehkraftgesteuerter Blattverstellung (Werksphoto).

Erfahrungen und Meßergebnisse

Rutland WG 910 neu

Wie bereits erwähnt, wurde der neue Generator dieser Anlage auf dem Prüfstand vermessen. Die Ergebnisse sind in Abb. 79 dargestellt. Es zeigt sich, daß die neue Ausführung bei gleicher Drehzahl und Spannung im Vergleich zum alten Generator eine um etwa 30% größere Stromstärke bringt (z.B. 6,5 A bei 12 V und 800 U/min statt bisher 5 A, vgl. Abb. 27).

Beim Einsatz der Anlage im freien Wind konnte festgestellt werden, daß der Rotor wegen der schlankeren Flügel nicht so leicht anläuft wie die ältere Ausführung. Bei 1,2 m/s Windgeschwindigkeit beginnt er langsam zu drehen und kommt ab 1,5 m/s in den Schnellauf. Ab 2,8 m/s fließt Strom in eine 12 V-Batterie, bei der alten Anlage dagegen schon ab 2,2 m/s.

Die Leistungskennlinie im freien Wind wurde im Rahmen einer Diplomarbeit von Baumeister aufgenommen (vgl. Literaturverzeichnis). Beim Vergleich mit der Kennlinie der alten Anlage zeigt es sich, daß die Leistung der neuen Turbine mit 55 W bei 10 m/s Windgeschwindigkeit etwa 66% höher ist (Abb. 80). Die vom Hersteller angegebene Leistung von 72 W (im Windkanal) konnte allerdings nicht erreicht werden.

Man sieht am Beispiel dieser Anlage wieder einmal, daß die kleinen Windkraftanlagen zwar schon recht weit, aber keinesfalls zu Ende entwickelt sind. Mit Intelligenz und tragbarem Aufwand an Technik und Material können noch bedeutende Leistungssteigerungen gelingen!

Durch die höhere Rotordrehzahl läuft die Anlage leider nicht mehr so geräuscharm wie die alte, auch hat das Geräusch eine höhere Frequenz und ähnelt jetzt mehr einem hellen Zischen. Inzwischen liegen auch Erfahrungen mit dieser neuen Anlage bei den orkanartigen Stürmen Ende Januar 1992 vor: es passierte nichts. Bei Windgeschwindigkeiten um 30 m/s lieferte die Anlage 10 A Ladestrom bei

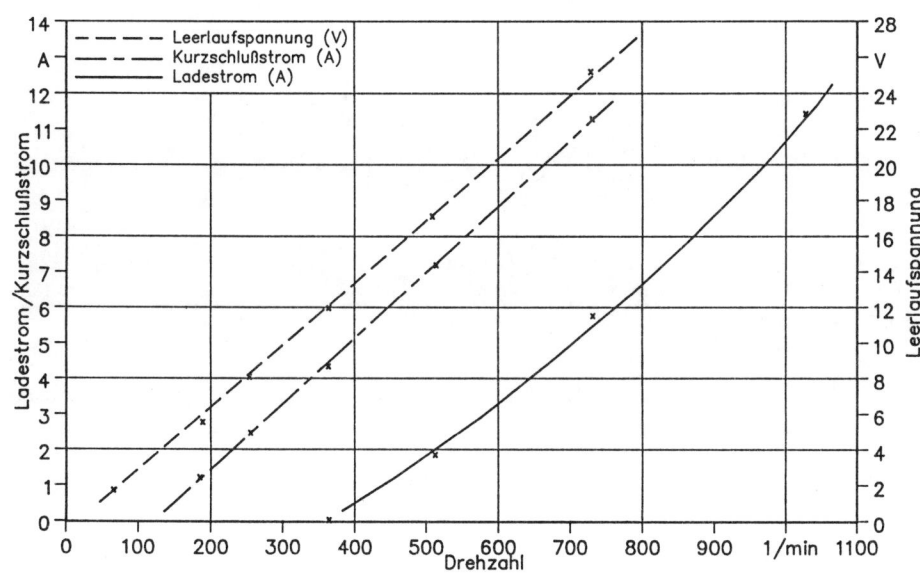

Abb. 79:
Leerlaufspannung, Kurzschlußstrom und Ladestrom des Generators WG 910 neu.

14 V Spannung, also eine Leistung von 140 W. Dabei dreht der Rotor mehr als 1000 U/min und läßt ein zischendes Geräusch vernehmen. Stärkere Vibrationen treten nicht auf. Man hat den Eindruck, daß auch noch wesentlich höhere Windgeschwindigkeiten verkraftet und in Strom umgesetzt werden könnten.

FD 2,5-200

Auch hier wurde der Generator im Rahmen einer Diplomarbeit von Ohnsmann zunächst auf dem Prüfstand vermessen. Die Ergebnisse sind in Abb. 81 dargestellt. Diese Kennlinien sind identisch mit denen des von der Fa. Harbarth vertriebenen E 500-Generators (neuerdings E 600).
Man sieht, daß schon ab 250 U/min 24 V-Batterien geladen werden können. Der Verlauf des Kurzschlußstromes ist sehr günstig. Es handelt sich um einen guten Generator mit großem Querschnitt der Wicklung und starkem Magnetfeld, der schon bei 100 U/min 12 A und bei 500 U/min 24 A Kurzschlußstrom hergibt. Entsprechend gut ist auch der Leistungsverlauf über der Drehzahl: 500 W bei 24 V werden mit 800 U/min erreicht. Um die von Harbarth angegebenen 600 W zu erreichen, ist eine Batteriespannung von 28 V nötig (Ladeschluß).

Über das vorzügliche Anlaufverhalten und die geringe Geräuschentwicklung des Rotors wurde schon auf Seite 99 berichtet. Die Anlage arbeitet jetzt seit zwei Jahren praktisch störungsfrei. Ohnsmann (vgl. Literaturverzeichnis) hat sie im freien Wind vermessen und auch Versuche gemacht, durch Parallelschalten von Kondensatoren zur Wicklung eine noch bessere Anpassung des Generators an die Rotorleistung zu erreichen.

Die Ergebnisse sind aus Abb. 82 ersichtlich. In der Normalausführung beginnt die Stromerzeugung in eine 24 V-Batterie schon bei 2 m/s Windgeschwindigkeit, mit Anpassung bereits bei 1,8 m/s. Die vom Hersteller angegebene Nennleistung von 200 W wird bereits bei 6,5 m/s erreicht und bei 10 m/s liefert die Anlage sogar 400 W.

Erstmals haben wir hier eine Anlage gefunden, die tatsächlich das bringt, was der Hersteller verspricht, ja sogar noch mehr! Hut ab vor den Konstrukteuren der Inneren Mongo-

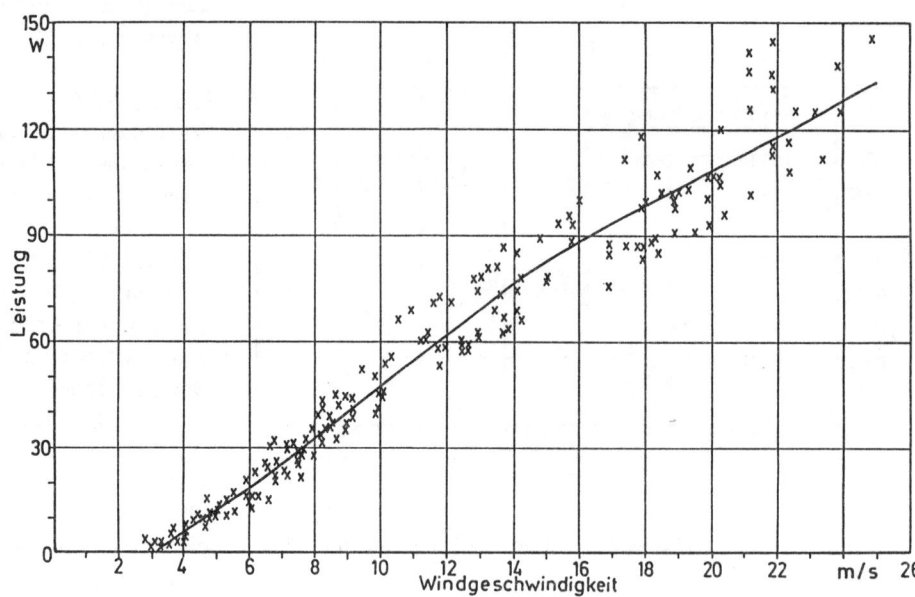

Abb. 80:
Leistungskennlinie der Rutland Windkraftanlage WG 910 (neue Ausführung) bei 12 V Batteriespannung.

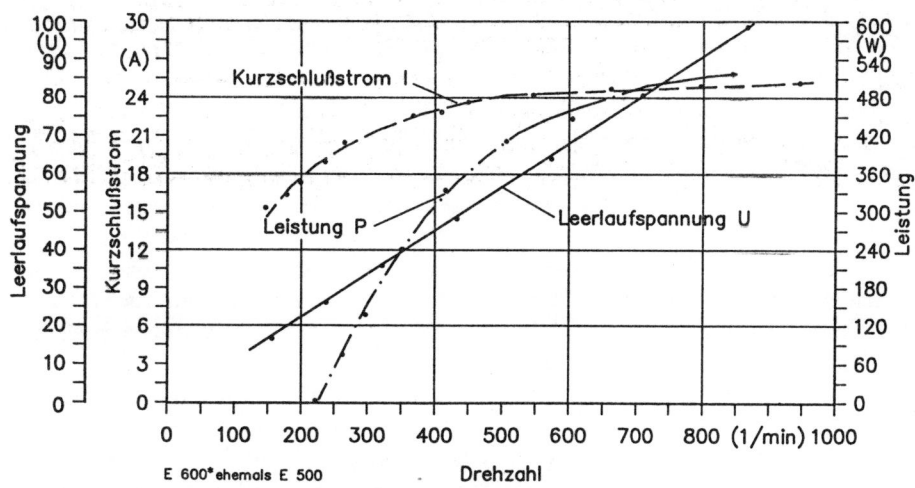

Abb. 81:
Leerlaufspannung U, Kurzschlußstrom I und Leistung P bei 25,6 - 28,5 V Batteriespannung des Chinagenerators E 600 von Harbarth bei unterschiedlichen Drehzahlen.

lischen Kraftmaschinenfabrik in der Hauptstadt Huhehaote des autonomen Gebietes »Innere Mongolei« der Volksrepublik China. Weil mir ein chinesischer Gastwissenschaftler die Betriebsanleitung übersetzt hat, weiß ich weiß inzwischen, wo dieses Windrad gebaut wird.

FDP 2,1-0,3/8
Wie üblich haben wir auch hier zunächst die Kennlinien des Generators auf dem Prüfstand ermittelt, sie sind in Abb. 83 dargestellt. Es wird ersichtlich, daß der Generator die angegebene Nennleistung von 300 W leicht erbringen kann. Seit Frühjahr 92 läuft die Anlage im Praxistest und wird im Rahmen der Diplomarbeit von Baumeister vermessen (vgl. Literaturverzeichnis).
Dank des doppelt kugelgelagerten Azimutlagers und der genügend großen Windfahne ist die Windnachführung sehr gut. Auch die Sturmsicherung funktioniert einwandfrei und tritt ab etwa 15 m/s voll in Kraft. Das Anlaufverhalten könnte besser sein, unter 2,8 m/s Windgeschwindigkeit rührt sich nichts. Einmal angelaufen, dreht der Rotor aber sehr schnell und beginnt bei 3 m/s mit der Stromerzeugung (Ladebeginn in eine 24 V-Batterie).

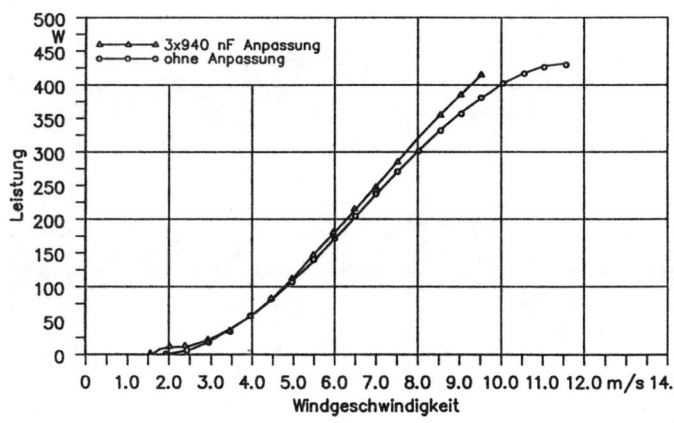

Abb. 82:
Leistungskennlinie der Windkraftanlage FD 2,5-20 mit und ohne Anpassung.

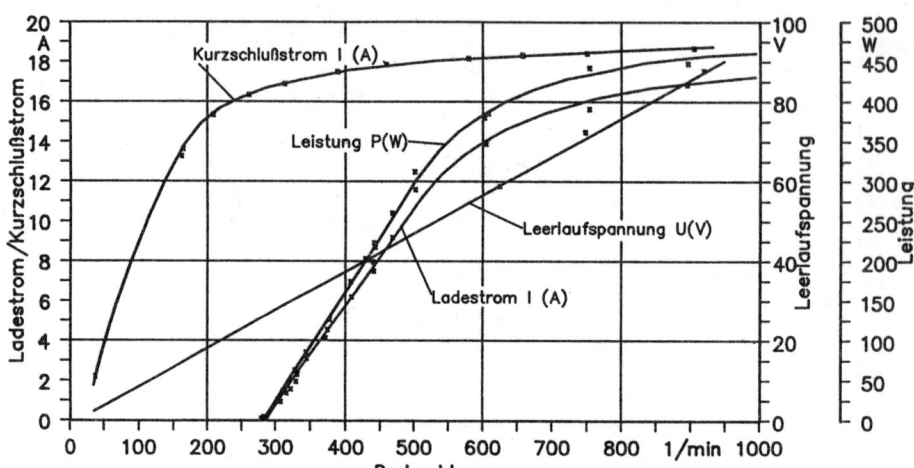

Abb. 83:
Leerlaufspannung U, Kurzschlußstrom I_1 sowie Ladestrom I_2 und Leistung P bei 25,6 - 28,5 V Ladespannung des Generators der chinesischen Windkraftanlage FDP 2,1-0,3/8.

Die Leistungskennlinie ist in Abb. 84 dargestellt. Die Nennleistung von 300 W wird bei 9,5 m/s erreicht. Bei 10 m/s liefert die Anlage 325 W und die Höchstleistung vor dem Abregeln in die Hubschrauberstellung liegt bei 450 W. Die Leistungsangaben des Herstellers werden damit fast erreicht.

Leider hat die Anlage einen kleine Konstruktionsfehler. Das Rundeisen mit dem Gegengewicht für die Sturmsicherung ist mit zwei Schrauben M8 an der Generatorkonsole befestigt. Außerdem gibt es aber noch eine dritte nutzlose Bohrung in dem Rundeisen, die dieses gerade an einer kritischen Stelle schwächt. Bei den orkanartigen Stürmen Ende Januar '93 brach das Rundeisen ab und der Rotor ging auf Stillstand in die Hubschrauberstellung, in der er auch die stärksten Böen überstand. Wer solch eine Anlage hat oder bekommt, sollte daher das unterste Loch zuschweißen und die Schwachstelle durch einen aufgeschweißten Flacheisensteg verstärken.

Ein direkter Vergleich der vermessenen Anlagen läßt sich nur ziehen, wenn man die unterschiedlichen Rotordurchmesser berücksichtigt und die spezifische Flächenleistung,

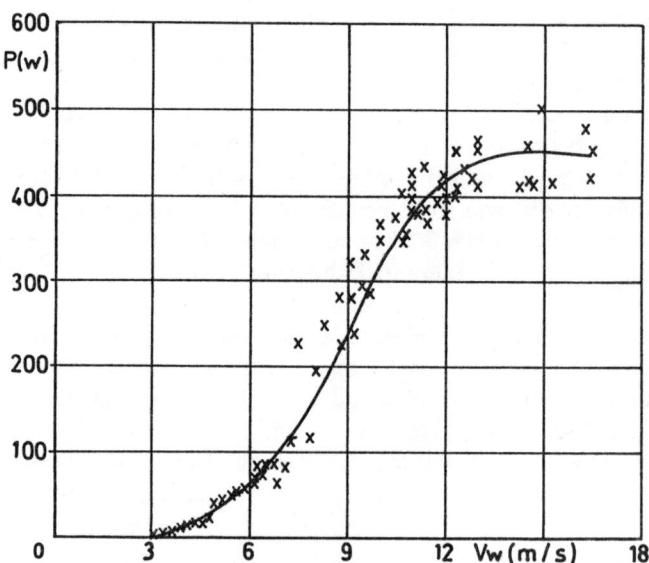

Abb. 84:
Leistungskennlinie der chinesischen Windkraftanlage »Star« FDP 2,1-0,3/8 bei 24 V Batteriespannung.

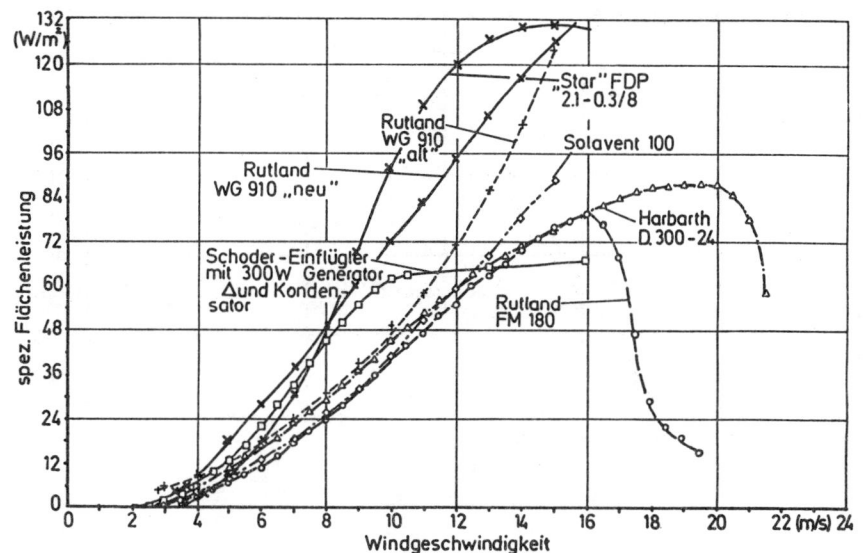

Abb. 85:
Vergleich der spezifischen Flächenleistung der Anlagen Rutland WG 910 (alt und neu) und »Star« FDP 2,1-0,3/8.

Abb. 86:
Vergleich der Leistungsbeiwerte der Anlage Rutland WG 910 (alt/neu) und »Star« FDP 2,1-0,3/8 in Abhängigkeit von der Windgeschwindigkeit.

ausgedrückt in Watt je m² bestrichener Rotorfläche, errechnet. In Abb. 85 ist dies geschehen. Hier wird sichtbar, daß schon einige Unterschiede in der spezifischen Leistung und damit im Wirkungsgrad bestehen.

Baumeister hat in seiner Diplomarbeit einmal die Leistungsbeiwerte von drei typischen Anlagen verglichen (Abb. 86). Es wird deutlich, daß diese Kleinstanlagen noch keinesfalls an die von größeren Windturbinen erreichten Leistungsbeiwerte von 35% herankommen. Es ist also noch ein Spielraum für Weiterentwicklung vorhanden.

Nun könnte man noch weiter rechnen und Kostenvergleiche anstellen, um die wirtschaftlichsten Anlagen zu ermitteln. Um dabei zu einer einigermaßen »gerechten« Bewertung zu kommen, müßten jedoch noch längere Erfahrungen über Lebensdauer, Reparaturanfälligkeit und Wartungsaufwand gesammelt werden. Bei den aus China importierten Permanentgeneratoren kommt es hin und wieder vor, daß Wasser ins Generatorinnere gelangt. Als Ursachen dafür wurden eine ungenügende Abdichtung der Kabeldurchführung bzw. eine Verletzung der Gehäuselackierung an den Fugen der Lagerdeckel ausgemacht. In solchen Fällen kann der Generator bei Frost blockieren, was schon einmal beim

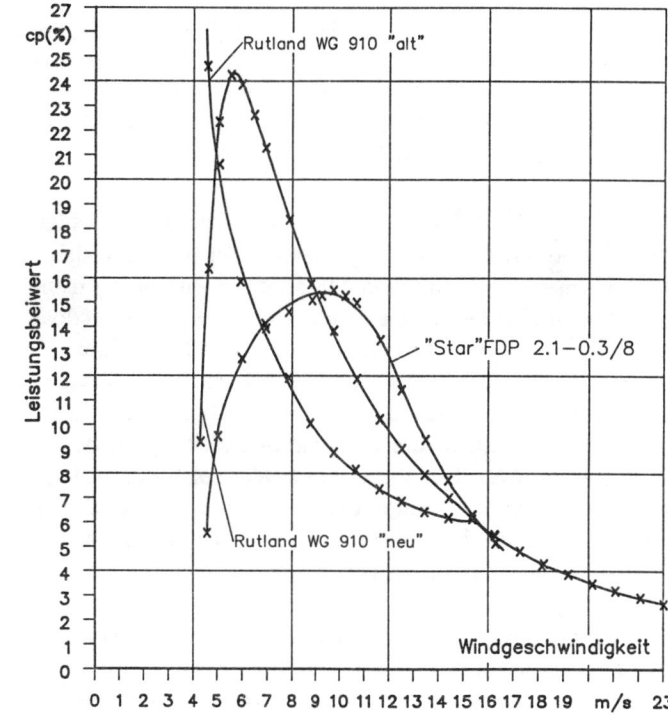

Einflügler der Samerberg-Anlage (vgl. S. 54) passiert ist. Durch eine Blechhaube über dem Generator bzw. eine Abdichtung mit Silikonkautschuk lassen sich solche Probleme vermeiden.

Zubehör

Hier ist über zwei Neuigkeiten zu berichten: Dr. Bracke/ Solavent hat jetzt einen 24 V/500 W-Wechselrichter mit dem klangvollen Namen »Premiere« im Programm, mit dem Solar- und Windstrom ins Netz eingespeist werden kann. Für Solargeneratoren allein gab es solche Geräte bisher schon, bei kleinen Windkraftanlagen machten die stark schwankenden Spannungen auf der Primärseite jedoch noch Probleme.

Weiterhin gibt es jetzt ein deutsches Konkurrenzfabrikat zum bekannten amerikanischen »Trace«-Wechselrichter. Die Geräte sind von ehemaligen Mitarbeitern der früheren ostdeutschen Fa. Robotron entwickelt worden und werden unter dem Namen »Soemtron« von der Fa. FEG in Sömmerda vertrieben. Es gibt drei Typenreihen, und zwar für 12 V mit 600 W und 1.000 W Nennleistung, für 24 V mit 600, 1.000, 1.500 und 2.300 W Nennleistung und für 48 V mit 1.500, 2.300 und 3.500 W Nennleistung. Die Wirkungsgrade sollen zwischen 91 und 96% (je nach Belastung) liegen. Bemerkenswert sind die sehr hohen Werte von 93 bis 95% Wirkungsgrad bei 10% Nennlast. Die Ausgangsspannung ist pulsbreitengeregelt, so daß alle üblichen Elektrogeräte angeschlossen werden können.

Windmeßgeräte

Mein früher geäußerter Wunsch nach einem Windmeßcomputer (Windklassierer) unter 1.000 DM ist inzwischen in Erfüllung gegangen. Es werden inzwischen sogar zwei Fabrikate angeboten.

»Wico« heißt das Gerät des Ingenieurbüro Schoder, das mit einem sehr kompakten Schalenanemometer (Reedkontakt) ausgerüstet ist und durch einen kleinen Solargenerator mit Strom versorgt werden kann (Abb. 87). Man kann auf einem LCD-Display die momentane Wingeschwindigkeit ablesen, aber auch in beliebigen Zeitabständen folgende Daten als 10-Minuten-Mittelwerte abrufen:

* letztes Windgeschwindigkeits-10-Minutenmittel,
* letztes Windgeschwindigkeits-Stundenmittel,
* höchste Windgeschwindigkeit,
* Windgeschwindigkeitsmittelwert nach dem letzten Reset (Zurückstellen),
* maximale Böensteilheit,
* Stunden nach dem letzten Reset,
* 10 Windklassen in Stufen von 1 m/s im Bereich von 1-10 m/s,
* drei Windklassen in Stufen von 2 m/s im Bereich von 11 - 16 m/s,
* eine Klasse mit noch höheren Werten.

Seit Anfang 92 habe ich dieses Gerät im Einsatz. Die Funktion war bisher zufriedenstellend mit einer Ausnahme: das Anemometer, welches schon bei Windgeschwindigkeiten

Abb. 87: »Wico« Windklassierer (Werksphoto).

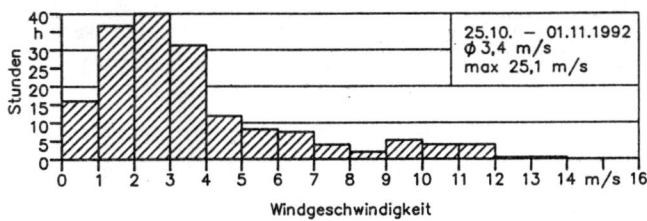

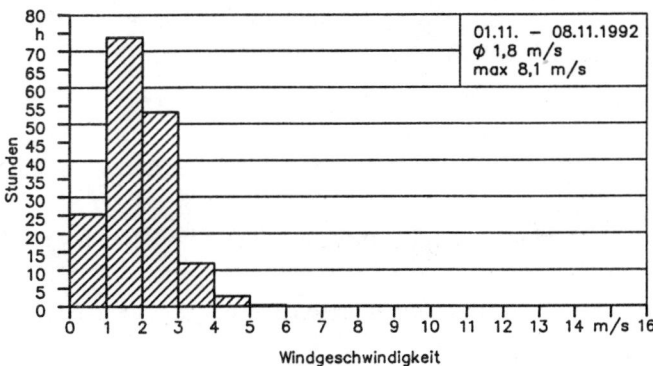

von 0,4 m/s anläuft, kann im Winter durch Schnee, Reif oder Eis leicht blockieren, weil der Abstand zwischen dem Schalenkreuz und der Bodenplatte nur wenige Millimeter beträgt. Ich helfe dann mit Enteisungsspray vom Auto nach. In Abb. 88 sind zwei typische Auswertungen von Aufzeichnungen mit diesem Gerät dargestellt. Der Preis beträgt 845 DM mit Solarmodul inkl. Mwst..

Der Windklassierer »Wikla1« der Fa. Seewind ist ähnlich aufgebaut und bezieht den Strom aus Batterien, die für ein Jahr reichen. Er arbeitet mit 21 Windklassen, und zwar in Stufen von 1 m/s im Bereich von 1-16 m/s, in Stufen von 4 und 5 m/s im Bereich von 16-35 m/s und mit einer Stufe für Windgeschwindigkeiten über 35 m/s. Außerdem kann man die mittlere Windgeschwindigkeit der letzten zehn Minuten abrufen. Gegenüber dem »Wico« fehlt vor allem die durchschnittliche und maximale Windgeschwindigkeit nach dem letzten Reset. Zur Auswertung steht ein Computerprogramm zur Verfügung und für 150 DM pro Jahr wird ein Datenauswerte-Service angeboten. Der Preis für das

Abb. 88:
Windgeschwindigkeitsklassen von zwei Wochen mit hohen und niedrigen Windgeschwindigkeiten (gemessen mit »Wico« Windklassierer in 6 m Höhe, Standort Kleinviecht bei Freising).

Abb.89:
Stromversorgung der Daffnerwald-Alm mit Solar- und Windgenerator.

Gerät beträgt 740 DM zuzüglich Versand und Mwst. Ein 10 m hoher Mast kostet 560 DM, ebenfalls zuzüglich Versand und Mwst.

Beispiele aus der Praxis

Hier ist bemerkenswert, daß alle beschriebenen Anlagen noch einwandfrei laufen und ihre Besitzer zufrieden sind, von Kleinigkeiten abgesehen. An unserer Demonstrationsanlage auf der Draffnerwald-Alm (vgl. S. 54) wurden im Rahmen einer Diplomarbeit von Rücker (vgl. Literaturverzeichnis) umfangreiche Messungen gemacht. Abb. 89 zeigt eine Perspektivzeichnung mit den wichtigsten Merkmalen dieser Anlage. In Abb. 90 sind die von Sonne und Wind monatlich gelieferten Energiemengen graphisch dargestellt. Es zeigt sich wieder einmal die gute Ergänzung dieser beiden Energieformen: im Sommer kommt das meiste von der Sonne und im Winter dagegen vom Wind.

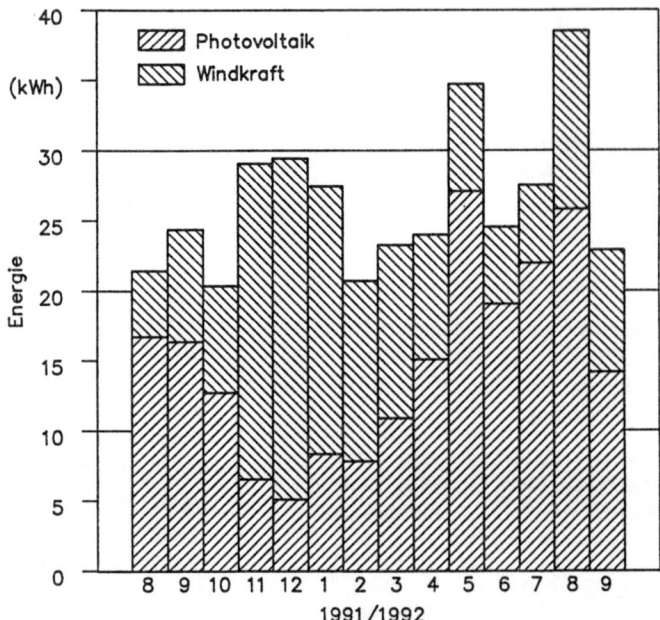

Abb. 90:
Monatliche Energieerträge aus Photovoltaik und Windkraft auf der Daffnerwald-Alm, Betrieb Astner, Samerberg.

13. Lieferantenverzeichnis

Hier können nur solche Produkte aufgeführt werden, die dem Verfasser bekannt sind. Dies schließt nicht aus, daß noch weitere vergleichbare Angebote auf dem Markt sind, über die bisher keine Informationen vorliegen und die daher hier nicht berücksichtigt wurden. Für diesbezügliche Hinweise wären wir dankbar.

1. Windkraftanlagen bis 1 kW

Atlantis GmbH, Glogauerstr.19,
1000 Berlin, Tel: 030/6114394
3-flügelige Batterielader mit 300 und 600 Watt Leistung

Bielka Yachttechnik, Schlesische Str. 56,
4000 Düsseldorf, Tel.: 0211/216746
Vertrieb von Rutland-, Aerogen- und Ampair-Windkraftanlagen

Dr.-Ing. Theo Bracke (Solavent),
Zasiusstr.62, 7800 Freiburg/Br.
Tel: 0761/71950 Fax: 709647
Herstellung und Vertrieb von Solavent-Windkraftanlagen und Zubehörteilen

Hermann Brümmer, Mühlenstr. 8,
3522 Helmarshausen,
Tel.: 05672/2820, Fax: 2044
Batterielader mit 30 - 2.000 Watt Leistung

Conrad Elektronik,
Klaus Conrad Str. 1, 8452 Hirschau,
Tel.: 09622/30111, Fax 30265
Vertrieb der Rutland-Windturbinen

Dingler Solartechnik, Öko-Solarhaus,
7961 Ebersbach-Musbach, Tel. 07584/2068
Vertrieb von LMW-Windkraftanlagen

Karl Eggenberger, 8391 Kurzeichet,
Post Neukirchen/Inn, Tel.: 08502/236
Herstellung von Windpumpen

Energiesysteme K.H. Glombitzer,
Hoffeldstr.20, 2720 Rotenburg/Wü.,
Tel./Fax: 04261/3688
Vertrieb der Aerocraft 300 und 500-Anlagen

Solartechnik Korbinian Geiger, Windener
Str. 14, 8070 Ingolstadt-Zuchering
Tel: 08450/7390
Vertrieb der amerikanischen Whisper-Anlagen sowie von GFK-Flügeln mit 3,3 und 4,6 m Durchmesser

GWU-Solar- und Energiesparsysteme,
Peter Henlein-Str. 35, 8500 Nürnberg 70,
Tel.: 0911/435040
Vertrieb von LMW-Windkraftanlagen

Armin Harbarth, Hechelner Str. 32,
7769 Mühlingen, Tel.: 07769/1215
Vertrieb diverser Windkraftanlagen und Generatoren, Flügel, Naben, Zahnriementriebe, Stirnradgetriebe und Zubehörteile

Dipl.-Ing. Uwe Hinz Windengineering
GmbH, Primelstr.70, 8039 Gröbenzell,
Tel.: 089/808644
Vertrieb der chinesischen Anlagen des Typs FD 2,5-200

Dipl.-Ing. Architekt Manfred Huber,
Untere Dorfstr. 21a, 8051 Baumgarten,
Tel.: 08756/1664
Vertrieb der Anlage FDP 2,1-0,3/8

Intertrade and Production, Elektro Huber,
Miesberg 2, 8063 Odelzhausen,
Tel.: 08134/6024, Fax 6402
Vertrieb von Ampair-Windgeneratoren

Krauß Ökosolarsysteme,
Robert-Schulz-Str. 1, 8828 Merkendorf
Tel. 09826/1677, Fax 9282
LMW-Windkraftanlagen

Kubatz Yachtausrüstung,
Heinrich Wielandstr. 59, 8000 München 83,
Tel.: 089/4316483, Fax 4310161
Vertrieb von Aerogen-Windkraftanlagen

Landtechnischer Anlagenbau GmbH,
Dorfstr. 142, O-7551 Krausnick,
Tel.: 0037-213-215
Herstellung von Windpumpen

Lubing Maschinenfabrik, Postfach 110,
2847 Barnstorf, Tel.: 05442/625
Herstellung von Windpumpen

Molzan Windpumpen, Bleiche 3,
Gewerbegebiet, 4419 Laer, Tel.:
02554/1341
Herstellung von Windpumpen

NEW Neue Energien Wiehengebirge,
Oppenwehe 218, 4995 Stemwede 3,
Tel: 05773/8493 Fax: 8496
Generalimporteur der LMW-Anlagen

Reusolar, J.Maier-Str.7,
7777 Salem-Beuren, Tel: 07554/686
Vertrieb der LMW-Anlagen in Süddeutschl.

2. Laderegler

Dr.-Ing. Theo Bracke (siehe unter 1.)
Solavent Regelstationen für 12 u. 24 V

Erwin Schoder, Brucklacherstr. 22,
8852 Rain am Lech, Tel.: 09002/1364
Komfort-Ladestationen für 12 und 24 V, Amperestundenzähler mit Digitalanzeige

3. Windmeßgeräte

Fa. Ammonit, Gesellschaft für Meßtechnik mbH, Paul-Lincke Ufer 41,
1000 Berlin 36, Tel.: 030/6127954
Windcomputer »Windsiter« u. »Wicom«

Anemo, Franz Ketterer, 7801 Sölden

Conrad Elektronik (siehe unter 1.)
Anemo-Handwindmesser

Ferropilot elektronische und hydraulische Geräte GmbH, Siemensstr. 35,
2084 Rellingen, Tel.: 04101/301240,
Elektronischer Handwindmesser Windy

Werner Knecht, 7185 Rot am See
Windcomputer »Windprozessor«

Lambrecht, Friedländer Weg 65,
3400 Göttingen,
Tel.: 0551/49580, Fax 495812

Ing.-Büro Schoder, Brucklacherstr.22,
8852 Rain am Lech,
Tel.: 09002/5175, Fax:4734

Seewind Windenergiesysteme GmbH,
Im Grund 7, 7519 Walzbachtal 2,
Tel.: 07203/7111

Thies, Hauptstr. 76, 3400 Göttingen
Tel.: 0551/792052, Fax 7900165

4. Gleichstromtechnik, Wechselrichter

Werner Däumling, Elektromeister,
Argenauweg 40, 7988 Wangen-Allgäu,
Tel.: 07522/3575

FEG, Dipl.Ing.Lothar Wollweber,
Postfach 43, Weissenseestr. 52
FuE-Gebäude Raum 418,
O-5230 Sömmerda
Tel.: 03634/42588, Fax: 03634/42589

5. Gleichstrom-Wasserpumpen

Comet Pumpen, Dipl.-Ing. E. Ashauer KG,
Gutenbergstr. 12,
6239 Kriftel, Tel.: 06192/7045

Conrad Electronic, Klaus-Conrad-Str. 1,
8452 Hirschau, Tel.: 09622/30-111

Grundfos GmbH, 2362 Wahlstedt,
Tel.: 04554/780; mit Niederlassungen in allen Bundesländern

Johnson Pumpen GmbH, Salzufler Str.
150, 4900 Herford, Tel.: 05221/84204

Laing-Energietechnik GmbH, Hofener
Weg 35, 7148 Remseck 2, Tel.: 07146/93-0

Pumpenservice, 2112 Jesteburg bei
Hamburg, Tel.: 04183/2076-77

Erich Steinhorst, Fügerstr. 6,
7100 Heilbronn, Tel.: 07131/163841

Deutsche Vortex GmbH, Kästnerstr. 6,
7140 Ludwigsburg 11, Tel.: 07141/51038

ZUWA-Zumpe GmbH, Breslauer Str. 15,
8229 Laufen/Salzach, Tel.: 08682/9016

14. Literaturverzeichnis

Baumeister, Jochen: *Windkraftanlagen: Grundlagen und Vermessung auserwählter Anlagen*. Diplomarbeit an der Fachhochschule Weihenstephan (Prof. Eckl) unter Betreuung der Landtechnik Weihenstephan

Böttler, Thomas; Kordick, Hans Peter: *Konstruktion und Bau eines Herter-Rotor-Prototyps mit schwenkbaren Rotorblättern und die anschließende Vermessung im Prüffeld*. Diplomarbeit an der Fachhochschule München, Fachbereich Maschinenbau, 1988, 188 S. + Anhang.

Christoffer, J.; Ulbricht-Eissing, M.: *Die bodennahen Windverhältnisse in der Bundesrepublik Deutschland*. 2. Auflage 1989, Berichte des Deutschen Wetterdienstes Nr. 147, Offenbach/Main, 191 S.

Crome, Horst: *Windenergie-Praxis*. 2. Aufl. 1989, ökobuch Verlag, Staufen, 164 S.

Deutsche Gesellschaft für Windenergie: *Windkraft-Sammelband 90*. Eigenverlag Hannover, 39 S.

Köthe, Hans-Kurt: *Stromversorgung mit Windgeneratoren*. Franzis Verlag, München 1992

Ladener, Heinz: *Solare Stromversorgung*. 2. Aufl. 1987, ökobuch Verlag, Staufen, 164 S.

Marier, Donald: *Windpower for the homeowner*. Rodale Press, Emmaus/USA, 1981, 368 S.

Ohnsmann, Martin: *Vermessung und konstruktive Weiterentwicklung eines Einblattrotors*. Diplomarbeit an der Fachhochschule München (Prof. Plewe) unter Betreuung der Landtechnik Weihenstephan

Rücker, Günter: *Analyse einer kombinierten Photovoltaik- und Windkraftanlage zur Inselversorgung einer Alm*. Diplomarbeit am Lehrstuhl für Energiewirtschaft und Kraftwerkstechnik TU-München (Prof. Schäfer) unter Betreuung der Landtechnik Weihenstephan

Schönball, Walter: *Windenergie-Jahrbuch*. jährlich erscheinende Übersicht, Windenergie-Sekretariat, 5300 Bonn, ca. 290 S.

Schulz, Heinz: *Der Savonius Rotor*. ökobuch Verlag, Staufen, 2. Auflage 1990, 77 S.

Schulz, Heinz: *Praxistest von kleinen Windkraftanlagen zum Batterieladen*. Schriftenvertrieb des Landtechnischen Vereins Freising-Weihenstephan, 1989, 23 S.

Zeitschriften:

»Wind Kraft Journal«. Verlag Natürliche Energie, 2331 Ascheffel, (erscheint 4 mal im Jahr)

»Windenergie aktuell«. Informationsdienst der Deutschen Gesellschaft für Windenergie, 3000 Hannover 1 (erscheint monatlich)

»Windenergie Forum«. Mitteilungsblatt der Fördergesellschaft Windenergie, 2300 Kiel

Sach- und Fachbücher
zur umweltfreundlichen Technik

Holger König
Wege zum gesunden Bauen
Aus dem Inhalt: richtige Baustoffwahl, geeignete Baukonstruktionen mit Eigenschaften und Anwendungsbereichen, Beispiele ausgeführter Häuser, Baunormen, Bauphysik, Preise und Bezugsquellen. Ein Handbuch für Bauherren, Selbstbauer, Architekten und Handwerker, das die theoretischen und praktischen Aspekte der Baubiologie anschaulich und nachvollziehbar miteinander verbindet. 192 S. m.v. Abb., Neuauflage 1989   39,80 DM

G. Häfele, W. Oed, L. Sabel
Althauserneuerung
Ein Handbuch für alle Hausbesitzer und Bauherrn, das ausführlich den behutsamen, handwerklich sachgerechten Umgang mit alter Bausubstanz beschreibt und zeigt, worauf es bei einer umweltverträglichen und kostengünstigen Renovierung ankommt, welche Maßnahmen bei den einzelnen Bauteilen angebracht sind. Mit Anleitungen zur Selbsthilfe, ausführlicher Baustoffkunde und Kostenübersicht. 226 S. m. v. Abb., 1988   39,80 DM

Claudia Lorenz-Ladener, Hrsg.
Kompost-Toiletten
Wege zur ökologischen Fäkalienentsorgung. Nach einer Einführung in die geschichtliche Entwicklung wasserloser Toilettensysteme bis zur Komposttoilette heute beschreibt das Buch die heute verfügbaren Produkte, deren Funktion, Installation und Gebrauchstauglichkeit. Untersuchungen und Erfahrungsberichte zeigen den heutigen Stand der Technik und belegen die hygienische Unbedenklichkeit. 163 Seiten m.vielen Abb. 20 x 21 cm, 1992   29,80 DM

Klaus Bahlo, Gerd Wach
Naturnahe Abwasserreinigung
Planung und Bau von Pflanzenkläranlagen. Dieser Ratgeber für Grundstücksbesitzer und Planer, die häusliche Abwässer umweltschonend und landschaftsbezogen entsorgen möchten, zeigt detailliert und verständlich, wie Pflanzenkläranlagen genehmigungsfähig geplant und fachgerecht gebaut, betrieben und gewartet werden. 137 Seiten m.vielen Abb., 1992   29,80 DM

Peter Weissenfeld
Holzschutz ohne Gift?
Holzschutz und Holzoberflächenbehandlung in der Praxis mit vielen Anleitungen und Rezepten für alle, die in Haus und Hof selbst zum Pinsel greifen. 7. überarbeitete Aufl. 1988, 141 S. mit Abb. DIN A5 br.   16,80 DM

Claus-Dieter Clausnitzer
Historischer Holzschutz
Eine wissenschaftliche Abhandlung über die Entwicklung der baulichen, chemischen und sonstigen, heute möglicherweise vergessenen Holzschutzmaßnahmen von den Anfängen vor ca. 7000 Jahren bis ins 20. Jahrhundert. 270 Seiten m. vielen Abb., 1990   39,80 DM

Georg Hänisch
Kork - ein Baustoff
Gewinnung, Eigenschaften, Verarbeitung und Anwendungsbeispiele für den Baustoff Kork, mit konkreten Empfehlungen und Konstruktionsbeispielen für Planer und Praktiker. 100 S. m.v.Abb., 1990   16,80 DM

Claudia Lorenz Ladener
Naturkeller
Grundlagen, Planung und Bau von naturgekühlten Lagerräumen im Haus oder Freiland, um für Obst und Gemüse geeignete Überwinterungsmöglichkeiten zu schaffen. 139 S. m.v.Abb., 1990   24,80 DM

Richard Niemeyer
Der Lehmbau und seine praktische Anwendung
Nachdruck des Originalwerks von 1946: hier werden alle bekannten Techniken ausführlich dargestellt. Eine gute und umfassende Einführung in den traditionellen Lehmbau! 157 Seiten mit vielen Abb., DIN A5,   19,80 DM

Hans-P. Ebert
Heizen mit Holz
Günstiger Holzeinkauf, Zurichten des Waldholzes, Lagerung und Trocknung, Anforderungen an Feuerstelle und Schornstein, die verschiedenen Ofentypen und ihre Einsatzbereiche. 121 S. m. vielen Abb., 1989/1993   16,80 DM

Bücher zu aktuellen Themen
Bauen - Energie - Umwelt

Othmar Humm
Niedrigenergiehäuser - Theorie und Praxis
Grundlagen und Praxis des Baus von Häusern mit sehr niedrigem Energiever-
brauch: planerische Konzepte, Baukonstruktionen und besondere Haustechni-
ken; mit 14 Beispielen, die die Bandbreite der Lösungsmöglichkeiten doku-
mentieren und die Energiesparerfolge belegen.
226 Seiten m. vielen Abb., 1990   48,00 DM

Wolfgang Bredow
Regenwasser-Sammelanlage
Eine leicht verständliche Anleitung für den Bau verschiedener Regenwasser-
Sammelanlagen, mit denen viel kostbares Trinkwasser eingespart werden
kann. 7. überarb. Aufl. Dezember 1988, 126 S. m. vielen Abb.   16,80 DM

Hans Mönninghoff, Hrsg.
Wege zur ökologischen Wasserversorgung
Wassersparende Armaturen und Toilettenspülsysteme, doppelte Wassernetze,
Regenwassernutzung, Grauwasserreinigung: Grundlagen, Betriebserfahrungen, Anleitungen sowie kommunal- und landespolitische Handlungsmöglich-
keiten. ca. 120 S., 3. überarb. Aufl. 1993   29,80 DM

Karlheinz Böse
Brunnen- und Regenwasser für Haus und Garten
Über die Techniken zur Nutzung von Grund- und Regenwasser: Das Buch beschreibt, wie und in welchen behältern Wasser gesammelt werden kann, wann
es gefiltert werden muß, welche Pumpen geeignet sind und wie das Wasser in
Haus und Garten richtig verteilt wird. 109 S. m.v.Abb., 1991   16,80 DM

Uwe Hallenga
Wind: Strom für Haus und Hof
Eine ausführliche, reich bebilderte Bauanleitung mit komplettem Zeichnungs-
satz für eine kleine Windkraftanlage mit 2,2 m Rotor-ı, die bei gutem Wind
200-500 Watt Leistung liefert. 76 S. m.v.Abb., 1990   14,80 DM

Heinz Schulz
Der Savonius-Rotor
Detaillierte Bauanleitungen für verschiedene Rotorkonstruktionen zur Nutzung der Windenergie im Leistungsbereich von 100 -2000 W. Mit Hinweisen
zur Auswahl langsamlaufender Generatoren und Wasserpumpen. 80 Seiten
mit vielen Abb. + Konstruktionsplänen, 1989   14,80 DM

Preisstand 1.3.1993 - Änderungen vorbehalten!

Heinz Schulz
Kleine Windkraftanlagen
- Technik, Erfahrungen, Meßergebnisse. Detaillierter Überblick über käufliche
Windkraftanlagen bis 1 kW Leistung zur Stromerzeugung und zum Wasser-
pumpen. Mit Leistungsdaten und Preisen! 94 S. m.v.Abb., 1993   24,80 DM

Martin Werdich
Stirling - Maschinen
Grundlagen und Technik von Stirling-Maschinen mit einem Überblick über
erprobte Motorkonzepte und ihre Vor- und Nachteile. Mit ausführlichem Her-
steller- und Literaturverzeichnis sowie Bauplan für ein Funktionsmodell.
128 S. m.v.Abb., 1991   24,80 DM

Unsere Bücher erhalten Sie in allen guten Buchhandlungen!